农村黑臭水体致黑硫离子氧化机理与治理技术

刘晓玲　高红杰　田彦芳等　著

U0249380

科学出版社

北 京

内 容 简 介

本书根据《农村人居环境整治提升五年行动方案（2021—2025年）》和《关于做好2022年全面推进乡村振兴重点工作的意见》中提出的接续实施农村人居环境整治提升五年行动，加强农村黑臭水体治理要求，系统介绍我国农村黑臭水体的污染特征和主要问题，以及控源截污、清淤疏浚、生态修复、水体净化等农村黑臭水体综合治理技术等内容，细致阐释微生物菌剂对降低水体中关键致黑污染物 S^{2-} 富集的作用机理，可为我国农村黑臭水体的监管及治理提供物理、化学和生物等多方向、多渠道可借鉴的技术方法及依据，对基本消除农村黑臭水体，实现"长治久清"具有重要的参考意义。

本书可为流域污染监管及控制等领域的工程技术人员、科研人员与管理人员提供参考，也可供高等院校环境科学与工程、给排水工程等相关专业师生参阅。

图书在版编目（CIP）数据

农村黑臭水体致黑硫离子氧化机理与治理技术／刘晓玲等著. —北京：科学出版社，2024.1

ISBN 978-7-03-076968-8

Ⅰ. ①农… Ⅱ. ①刘… Ⅲ. ①农村–河流污染–恶臭污染–硫离子–生物处理–氧化–研究–中国 Ⅳ. ①X522

中国国家版本馆CIP数据核字（2023）第221228号

责任编辑：周　杰／责任校对：樊雅琼
责任印制：徐晓晨／封面设计：无极书装

科学出版社 出版
北京东黄城根北街16号
邮政编码：100717
http://www.sciencep.com

北京中科印刷有限公司 印刷
科学出版社发行　各地新华书店经销

*

2024年1月第 一 版　开本：720×1000　1/16
2024年1月第一次印刷　印张：11
字数：260 000

定价：150.00元
（如有印装质量问题，我社负责调换）

本书撰写组

主　　笔　　刘晓玲　高红杰　田彦芳　吕纯剑

成　　员　　焦巨龙　路金霞　张林义　徐瑶瑶

　　　　　　宋　晨　梁志毅　石雅君

前　　言

自2019年以来，生态环境部先后实施了农村黑臭水体治理试点和全面排查工作，摸清底数，初步明确了农村黑臭水体的名称、地理位置、黑臭面积、污染成因、治理程度等信息，建立了名册台账。截至2021年初，全国累计排查出农村黑臭水体8000多个。农村黑臭水体治理被列为我国农业农村污染防治攻坚战的重要内容。《中华人民共和国国民经济和社会发展第十四个五年规划和2035年远景目标纲要》提出，要稳步解决乡村黑臭水体等突出环境问题，推进农村水系综合整治。中共中央办公厅、国务院办公厅2021年印发的《农村人居环境整治提升五年行动方案（2021—2025年)》明确指出要突破瓶颈，系统整治农村黑臭水体。到2025年，基本消除较大面积农村黑臭水体，推动农村黑臭水体"长治久清"，显著提升农村环境整治水平，增强人民群众的获得感和幸福感。

我国农村黑臭水体的主要污染来源为农村生活污染、农业种植污染、工业废水污染、畜禽养殖污染和水产养殖污染等。黑臭水体中的S^{2-}是导致水体变黑变臭的关键因素，而硫氧化菌等微生物可将黑臭水体中的S^{2-}氧化为价态稳定的SO_4^{2-}，进而避免水体变黑变臭现象的产生。近年来，微生物转录组学技术被广泛应用于环境领域，其可有效反映环境微生物功能基因的表达水平及微生物在不同环境条件下的转录调控规律，有助于清晰阐释微生物在黑臭水体治理过程中的作用机理。因此，本书紧紧围绕《关于做好2022年全面推进乡村振兴重点工作的意见》《乡村建设行动实施方案》有关农村黑臭水体的整治要求，基于相关科研成果，总结、凝练了农村黑臭水体污染特征和致黑致臭机理，基于高效微生物菌剂降低水体中关键致黑致臭污染物S^{2-}富集，以及控源截污、清淤疏浚、生态修复、水体净化等农村黑臭水体综合治理技术等内容，形成了农村黑臭水体致黑硫离子氧化机理与治理技术专著。

本书共分为12章。第1章是绪论，概述农村黑臭水体的特征、识别及治理等的国内外研究进展，分析微生物在农村黑臭水体治理中的应用及发展趋势。第2章主要阐述农村黑臭水体的分布特征、主要污染源、黑臭成因以及我国关于农村黑臭水体治理的政策要求。第3~4章依次分析寡养单胞菌对关键致黑污染物S^{2-}的氧化特征及寡养单胞菌氧化S^{2-}的转录组学研究。第5~7章进一步探究复合微生物对关键致黑污染物S^{2-}氧化条件的优化、复合微生物对S^{2-}的生物氧化过程及其微生物群落结构特征，以及复合微生物氧化 S^{2-} 的转录组学及主要代谢途径。第 8～11 章详细介绍控源截污、清淤疏浚、生态修复、水系连通等典型农村黑臭水体治理技术。第 12 章结合典型农村黑臭水体治理案例，分析上述黑臭水体治理技术的筛选策略。本书将农村黑臭水体的水质特征与识别及微生物等治理技术相结合，对我国农村黑臭水体治理及长效监管等技术发展具有一定的参考价值和指导意义。

　　限于编著者水平及编著时间，书中难免存在不足之处，敬请读者提出批评和修改建议。

作　者

2023 年 5 月 25 日于北京

目 录

| 第 1 章 | 绪 论

1.1 农村黑臭水体概述

1.1.1 农村黑臭水体现象

水体黑臭是水体有机污染的一种极端现象,是对水体极端污染状态的一种描述。随着我国城市黑臭水体整治工作的相继开展,整治效果日益凸显,农村黑臭水体的问题也逐渐提上日程。我国广大农村地区的河、塘、沟渠,承担着提供水资源、发挥生态效应等多种功能。近年来,随着快速的城镇化、工业化及人口增长,农村快速发展,农村经济逐步改善的同时,农村生态环境污染日益加重。农村生活污水、生活垃圾、畜禽粪污、农业生产等产生的污染物未经有效处理,沿着各种渠道排入农村水体,导致污染物在水体中不断积累,而水体的自净能力不足以消减这些污染物,从而导致水质恶化,进而产生水体黑臭现象,形成农村黑臭水体。

农村黑臭水体已成为当前农村突出的水环境问题,其治理亦是改善农村人居环境的关键。农村黑臭水体,泛指农村地区颜色明显异常或散发浓烈难闻气味的水体。这种水体表观上常为黑色或者褐色,气味难闻,且水体内鱼虾等水生动物鲜少见到。相对城市黑臭水体集中、连片分布的特点,我国农村黑臭水体比较分散,具有点多、面广等特点。目前,农村黑臭水体治理体制机制仍不完善,技术支撑力量薄弱。

1.1.2 农村黑臭水体的危害

农村黑臭水体不仅给人们带来极差的感官体验,还直接影响人们的生活质量和健康,影响农村区域的景观与社会经济发展。

农村黑臭水体可直接影响周围居民生活,危害居民健康。黑臭水体表观上影响环境质量,其嗅味可引起居民身体不适,影响感官体验。在农村地区,黑臭水体会导致周边河流、沟渠、坑塘等水体水质变差,污染居民饮用水源。

农村黑臭水体的形成是水体遭受严重污染后的结果。黑臭水体水质严重恶化,已经丧失了正常水体的资源可利用性,不能用于生活用水、工业用水、灌溉用水等。过量的污染物导致水体长时间呈现缺氧状态,自然水体中原生的鱼类及其他生物因缺氧窒息死亡,死亡残体腐败分解后产生大量污染物质,使自然原生生态系统遭到破坏,水体的自我调节能力也几乎丧失。这严重影响了水生态系统的稳定发展。

此外,水体一定程度上是农村区域的景观名片,而农村黑臭水体可严重影响农村景观与生态环境。水体出现黑臭现象,将在一定程度上限制农村区域旅游业等产业的发展,阻碍农村地区经济社会的发展。

1.1.3 水体黑臭的机理

黑臭水体的特征包括气味异常、水生生物存活率下降、河流生态系统结构和功能严重恶化(Casadio et al., 2010;Hur and Cho, 2012)。目前,水体黑臭的主要原因有:外源污染、沉积物释放产生的内源污染、水体动力条件不足和水体热污染(Fan et al., 2017)。外源污染来源于直接排放的农村生活污水、畜禽粪污、农业面源等。一旦水体吸收了过量的外源性污染物,水中的氨氮(NH₃-N)、总磷(total phosphorus, TP)和化学需氧量(chemical oxygen demand, COD)等污染物浓度变高,而水中的溶解氧(dissolved oxygen, DO)将被快速消耗。水体中DO含量长期不足是引起水体黑臭的直接原因。当DO处于过低水平时,SO_4^{2-} 作为电子受体,被硫酸盐还原菌(sulfate reducing bacterium, SRB)逐步还原为 S^{2-},铁、锰等金属离子亦被其他微生物还原为 Fe^{2+}、Mn^{2+} 等还原态离子,底部的 S^{2-} 与 Fe^{2+}、Mn^{2+} 等金属离子结合生成的金属硫化物随着水体波动被释放并悬浮于上覆水体,导致水体变黑(Tang et al., 2014;王玉琳等,2018)。同时,大量有机物被厌氧菌分解产生 H_2S、胺、氨等散发臭味的挥发性小分子化合物,且含硫蛋白质厌氧分解生成的硫醇、硫醚类物质,造成水体散发臭味。水中的一些污染物随着时间积累,通过沉淀或颗粒吸附进入沉积底泥中。同时,在厌氧条件下,沉积物中蓝藻和放线菌等的代谢活动所产生的甲烷、氮气和硫化氢不溶于水(Chen et al., 2010),在上升过程中携带污泥进入水体,使水体发黑。失去生态功能的水体往往流动性差,水流不畅,污泥淤积,水中累积的大量营养物质会导致藻类过度繁殖,使水体自净能力减弱,产生黑臭现象。此外,夏季温度升高,水体整体或局部水温上升,一方面,微生物生命活动加强,使有机污染物的分解速度大大提高,迅速消耗了DO,且水中的DO随着温度的升高而降低(Gao et al.，2014）；另一方面，在较高水温下，SRB 活性显著增强，导致水体中更多的 SO_4^{2-} 被还原成 S^{2-}，生成 H_2S 气体及 FeS、MnS 金属硫化物等（Liu et al.，2017），从而造成了水体季节性的黑臭现象。

1.2　农村黑臭水体定义及识别

1.2.1　农村黑臭水体定义

根据《农村黑臭水体治理工作指南（试行）》，农村黑臭水体是指各县（市、区）行政村（社区等）范围内颜色明显异常或散发浓烈（难闻）气味的水体。

1.2.2　农村黑臭水体识别

2019 年印发的《农村黑臭水体治理工作指南（试行）》对农村黑臭水体的排查要求及标准等进行了规定。

（1）识别范围

行政村内村民主要集聚区适当向外延伸，南方为 200～500m，北方为 500～1000m 区域内的水体，以及村民反映强烈的黑臭水体。对于城乡接合部已列入城市黑臭水体清单的黑臭水体，不再列入。

（2）识别标准

农村黑臭水体依据水体异味或颜色明显异常（如发黑、发黄、发白等）感官特征进行识别。如果某水体存在异味、颜色明显异常任意一种情况，即视为黑臭水体。

对于感官判断有争议的农村水体，有关部门可委托专业机构对水体周边居住村民、商户或随机人群开展问卷调查，进一步判断水体黑臭状况，原则上每个水体的调查问卷有效数量不少于 30 份，如认为有"黑"或"臭"问题的人数占被调查人数 60% 以上，则应认定该水体为"黑臭水体"。

当开展公众评议有困难时（例如，难以获得不少于 30 份的有效问卷），通过水质监测判定是否黑臭。水质监测指标包括透明度、溶解氧、氨氮 3 项指标，指标阈值见表 1-1。3 项指标中任意 1 项不达标即为黑臭水体。对西北地区、长江中下游地区等区域含泥沙量较大的水体，当只有透明度指标不达标时，不判定为黑臭水体。

表 1-1　监测指标阈值

监测指标	指标阈值
透明度/cm	<25 *
溶解氧/（mg/L）	<2
氨氮/（mg/L）	>15

* 表示水深不足 25cm 时，透明度按水深的 40% 取值

监测分析方法参见《水和废水监测分析方法（第四版）（增补版）》，透明度推荐采用黑白盘法或铅字法；溶解氧推荐采用电化学探头法，便携式溶解氧测定仪技术要求、性能指标等满足国家环境保护标准（HJ 925—2017）；氨氮推荐纳氏试剂光度法或水杨酸–次氯酸盐光度法。

通过水质监测判断时，原则上可沿水体每 200 ~ 600m 间距设置监测点，但每个水体的监测点不少于 3 个。取样点一般设置于水面下 0.5m 处，水深不足 0.5m 时，应设置在水深的二分之一处。

1.2.3　农村黑臭水体的水质特征

黑臭水体具有独特的水质特征，根据我国印发的《农村黑臭水体治理工作指南（试行）》，农村黑臭水体判定的指标为透明度、溶解氧及氨氮。

黑臭水体是因过量纳污、超出了水体水环境容量和自净能力而导致水色变黑、变臭的水体。黑臭水体水质通常劣于《地表水环境质量标准》（GB 3838—2002）Ⅴ类水质，水体溶解氧浓度一般小于 2mg/L。此外，水体组分上，农村黑臭水体的各类水质参数与一般清洁水体的差异较大。评价水体黑臭的核心指标是溶解氧和氨氮浓度，其他可参考的指标包括化学需氧量、总磷、总氮浓度等，这些指标与黑臭水体的相关性都比较大，但是与黑臭的对应关系不如溶解氧和氨氮明显。黑臭水体水质评价的物理指标包括色度、浊度、嗅味等，但是这些指标的测定方法存在比较大的主观性，特别是嗅味，主要是凭借个体的感官认知判断，而且这些指标主要是由于溶解氧、化学需氧量、氨氮、总氮等发生变化后，从而导致感官上的变化。

1.3　国内外研究进展

1.3.1　农村黑臭水体的治理技术及措施

目前，针对农村黑臭水体的治理技术主要分为控源截污、内源治理、生态修

复和水系连通等四类（详见附录）。

（1）控源截污

控源截污是实质性消除水体黑臭的基本手段。农村黑臭水体控源截污工作主要包括农村生活污水及畜禽养殖粪污等收集治理、农村生活垃圾收集转运、农业面源污染治理等。

管网建设是农村生活污水收集的基础与保障。农村区域目前大部分还未铺设管网，已铺设管网的区域也存在收集范围小、收水效果不理想等问题。新建和完善管网收集系统，是确保农村生活污水得到有效处理的关键。此外，部分农村区域建有污水处理站等设施，也有很大一部分农村区域未建设污水处理设施。现有污水处理设施依旧存在出水标准低、运行维护困难等一系列问题。

畜禽粪便是造成农村水体黑臭的重要污染源之一。部分农村黑臭水体周边建有畜禽养殖场，存在畜禽粪便直排入河现象。畜禽粪便污染负荷高，对水体污染严重，且恶臭气味大，是农村黑臭水体治理的重点任务之一。建立畜禽粪便收集、转运、处理和回收利用设施能够有效控制畜禽污染入河，也是实现农业废弃物回收利用，建设美丽乡村的重要手段。

各类无处堆放、无序排放的生活垃圾是黑臭水体的重要污染源。生活垃圾阻塞水体，滋生蚊蝇，散发恶臭，同时会产生大量的酸性和碱性有机污染物，污染水体。结合农村实际，应合理设置垃圾贮存点、垃圾箱，配置垃圾收运车，推进黑臭水体所在农村生活垃圾治理，建立垃圾收集和转运体系建设，改变河道沿线"脏、乱、差"现象，进一步改善农村人居环境，提升整体形象。

农业面源治理是农村黑臭水体治理的一项重要任务。据调研，部分黑臭水体受农田退水等面源污染较为严重。结合农田种植类型，可在黑臭水体汇水范围内建设农业面源氮磷拦截沟（植草沟），植被缓冲带等截留和净化农业面源污染，改善水体水质，提升农村生态景观。

（2）内源治理

内源治理是农村黑臭水体治理的重要部分。沉积物对外源氮、磷的接纳有一个从汇到源的转化过程，即随着外源污染的不断输入，水体底泥中的有机质、氮、磷等污染物不断积累，并向水中释放。在这种情况下，即使切断了外源污染，内源污染也会在相当长的时间内阻止水质的改善，这也是在黑臭水体治理工作中需要重点考虑的。

目前，采用的内源治理技术包括清淤疏浚及强化混凝等。其中，清淤疏浚是最为常见的内源治理技术。它是一种广泛运用于河道黑臭治理的物理技术方法，该方法通过机械工具或人工手段清理出水体中已经受污染的底泥、沉积的固体垃圾等，直接减轻水体中的污染物负荷，从而达到削减水体中污染物的目的。然而，清淤疏浚过程中，不当操作可能会导致底泥中的污染物上浮并扩散至上层水体中，同时由于直接转移了部分水体底泥，可能会导致水体原有生态结构遭破坏而起到相反效果。因此，采取清淤疏浚手段治理农村黑臭水体时，应谨慎评估可能存在的风险并慎重制订治理方案。强化混凝属于化学法，对于污染情况较轻的水体，通过投加化学药剂的方式，将水体中的 S^{2-} 的重金属化合物置换为不致黑的钙硫化合物，将 S^{2-} 沉淀于水体底部，达到治理黑臭的目的。然而，强化混凝法虽然可以快速起到黑臭治理效果，但是并未真正将 S^{2-} 从水体中除去，而是将其转化为不易分解的稳定状态，如果水体在治理后再次遭到污染，这些稳定态的 S^{2-} 将会再次释放，从而加重污染情况（Zhang et al.，2015）。

（3）生态修复

生态修复是农村黑臭水体治理的重要手段。生态修复法利用生态技术，人为改变黑臭水体的生态环境，使其初步恢复到被污染前的状态，充分激发水体原有的自我修复功能，主要包括微生物修复法和水生植物修复法。

微生物修复法主要通过投加微生物菌剂或恢复水体微生物活性的方法，调控水体中微生物的功能关系，通过水体中微生物的新陈代谢，将水体污染物有效分解，从而达到黑臭治理效果。微生物法对黑臭水体的修复主要通过原位直接投加微生物菌剂、异位微生物修复、投加微生物促生剂等措施实现，利用微生物氧化还原、反硝化等功能以降低黑臭水体中的污染物浓度。相比物化法，微生物法因投资少、无二次污染、操作简单等优点而被广泛用于黑臭水体治理工程。

水生植物修复法通过在水体护岸及水体中种植适宜的水生植物、增殖水生植物群落的方法，逐步修复水体中的生态系统，并吸收水体及底泥中的污染物。目前，常见的水生植物修复法主要是通过建立人工湿地和生态浮床等方式实现。利用植物修复技术治理黑臭水体，具有标本兼治、运行成本低、美化环境等优点，对改善人居环境和强化文化景观均具有重要的意义。但同时因为水生植物易受大风、寒冷等气候的影响，进而影响其对水体污染物的处理效果，故该方法的应用具有一定的局限性。

（4）水系连通

在前期水系调查的基础上，因地制宜地实施必要的水体水系连通，打通断头河，拆除不必要的拦河坝，增强渠道、河道、池塘等水体流动性及自净能力。

1.3.2　微生物菌剂在水体致黑污染物治理方面的应用

已有研究表明，上覆水中的 S^{2-} 是导致水体变黑的关键因素，它与水体中的

Fe^{2+}、Mn^{2+}、Cu^{2+} 等金属离子结合，并累积生成金属硫化物，从而引起水体变黑（Song et al.，2017）。因此，将黑臭水体中的 S^{2-} 氧化为价态稳定的 SO_4^{2-} 可避免水体变黑现象的产生。S^{2-} 的氧化过程在自然环境下非常缓慢，主要依靠天然水体中的硫氧化菌（sulfur-oxidizing bacteria，SOB）完成（Liu et al.，2015）。

SOB 是对能将低价态的还原性硫化物（如 S^{2-}、S^0）完全氧化为 SO_4^{2-} 或部分氧化为更高价态硫化物的微生物的统称（刘阳等，2018）。SOB 种类多样、分布范围广，在土壤、湖泊、海洋等都有发现（Ghosh and Dam，2009）。但是目前研究较为深入的主要集中在 4 个类群，包括绿硫细菌（green sulfur bacteria，GSB）、紫硫细菌（purple sulfur bacteria，PSB）、紫色非硫细菌（purple non-sulfur bacteria，PNSB）、无色硫细菌（colorless sulfur bacteria，CSB）。此外，还有硬壁菌门中的 *Alicyclobacillus* spp.、绿色非硫细菌中的 *Chloroflexus aurantiacus* 和产水菌门中的 *Sulfurihydrogenibium* spp.。GSB、PSB 和 PNSB 大部分属于厌氧且不产生 O_2 的光能自养型硫氧化菌（Sakurai et al.，2010；Grimm et al.，2011），CSB 大部分属于好氧化能自养型硫氧化菌，小部分为化能异养型硫氧化菌（庞博文，2017）。硫氧化菌主要分类及其代谢特征如表 1-2 所示。

表 1-2　硫氧化菌主要分类及其代谢特征

类群	代表微生物所属的门、纲或科	代谢特征	典型的硫氧化菌	硫氧化酶系统
绿硫细菌	绿菌门	专性光能自养型，以 S^{2-}、S^0 或 $S_2O_3^{2-}$ 为电子供体，形成胞外 S^0，潜在的混合营养型	*Chlorobaculum tepidum*；*Chlorobaculum thiosulfatiphilum*	soxXAYZB，APS 还原酶，qmo 复合体和 fcc
紫硫细菌	红硫菌科、节外硫红螺菌科	红硫菌科除了 *Rheinheimera* spp. 多数为光能自养型，以 S^{2-} 和 S^0 为电子供体；节外硫红螺菌科所有成员都可氧化 S^{2-}，碱性条件下形成多硫化物，部分菌种可氧化 $S_2O_3^{2-}$ 为 SO_4^{2-}	*Allochromatium warmingi*；*Isochromatium buderi*；*Allochromatium vinosum*；*Ectothiorhodospira vacuolata*	soxXAYZB，sqr，dsrABEFHCMKLJOPNRS，APS 还原酶和 fcc
紫色非硫细菌	α-变形菌纲	厌氧条件下优先光能自养，存在 $S^{2-}/S_2O_3^{2-}$ 时可进行光能自养	*Rhodopseudomonas palustris*	soxXAYZBCD，soxEF 和 sqr

续表

类群	代表微生物所属的门、纲或科	代谢特征	典型的硫氧化菌	硫氧化酶系统
无色硫细菌	酸硫杆菌纲、丙型变形菌纲	酸硫杆菌纲专性化能自养菌，能氧化 S^0、$S_2O_3^{2-}$ 和$S_4O_6^{2-}$；丙型变形菌纲化能异养/混合营养型	*Acidithiobacillus ferrooxidans*；*Beggiatoa* spp.	*sox*XAYZB，*dox*DA，GSSH 和 *sqr*；*dsr*，*sqr* 和 APS 还原酶

资料来源：刘阳等，2018；Imhoff and Thiel，2010

化能异养型硫氧化菌在黑臭水体的"治黑"中应用潜力较大，黑臭水体中有机污染物及 S^{2-} 浓度较高，化能异养型硫氧化菌能够将 S^{2-} 氧化成更高价态的 S^0、SO_3^{2-} 或 SO_4^{2-} 等，且能以有机污染物作为生长的碳源，实现硫化物与有机污染物的同步去除，如假单胞菌属中的 *Pseudomonas* sp. C27（Guo et al.，2014）。其次，化能自养型硫氧化菌对黑臭水体营养要求不苛刻，且对水体中的硫化物具有较高亲和性，对于硫化物浓度较低的黑臭水体处理效果较好（庞博文，2017）。此外，光能自养型硫氧化菌能够适应黑臭水体中极低的溶解氧浓度，但是大部分光能自养型微生物的生长速度极为缓慢，且易受有机物的毒害作用影响（王世梅，2007），使得硫化物的去除效果往往不理想。同时，光能自养型硫氧化菌氧化硫化物的过程需要长期维持一定程度的光照，成本较高。

目前，用以处理黑臭水体的微生物大多以非硫氧化菌为主，集中于对水体中 COD、氨氮和 TP 等污染物的去除研究，涉及致黑关键污染物 S^{2-} 去除的研究较少，且都处于实验室异位修复研究阶段。例如，庞博文（2017）对从活性污泥和底泥中筛选出的副球菌 *Paracoccus*、芽孢杆菌 *Bacillus*、戈登菌 *Gordonia*、假单胞菌 *Pseudomonas* 进行复配获得复合硫氧化菌，对实验室模拟黑臭水体进行处理，反应 50h 后，硫化物去除率达到 78.1%。Sheng 等（2013）在对山东昌邑的堤河进行治理时，利用枯草芽孢杆菌和光合自养型硫氧化微生物"曝气复氧–曝气生物滤池–生物膜法–生态浮岛"组合工艺，经过 5 个月的治理，S^{2-} 去除率高达 93.1%。徐瑶瑶等（2019）将从东沙河筛选获得的硫氧化菌柠檬酸杆菌 *Citrobacter*、苍白杆菌 *Ochrobactrum* 和寡养单胞菌 *Stenotrophomonas* 复配获得硫氧化复合菌，优化其水处理条件后，将复合菌接种于北京东沙河、清河和景观沟渠黑臭水样中，其对 S^{2-} 氧化率分别达到 76.7%、67.0% 和 64.1%；同时，色度亦分别下降了 83.3%、83.3% 和 79.2%。

1.3.3　硫氧化菌对无机硫的主要氧化途径

硫氧化菌在自然界中分布广泛，不同类群的硫氧化菌对无机硫离子的代谢途径亦呈现显著差异，同时多种代谢途径可存在于同一菌株中（Harada et al., 2021）。前人研究表明，虽然硫氧化菌的代谢途径差异，但是多数硫氧化菌对 S^{2-} 的主要代谢途径可分为两条，即副球菌硫氧化（paracoccus sulfur oxidation, PSO）途径和连四硫酸盐介导的硫代硫酸盐代谢（S4 intermediate, S4I）途径（Kelly et al., 1997）。PSO 途径和 S4I 途径存在共同的硫氧化过程，即 S^{2-} 作为电子供体转化为 S^0 和 SO_3^{2-} 的过程；S^0 转化为 SO_3^{2-} 的过程和中间价态离子 SO_3^{2-}、$S_2O_3^{2-}$ 等转化为 SO_4^{2-} 的过程。其中，S^{2-} 作为电子供体转化为 S^0 的氧化过程存在两条途径，分别由硫醌氧化还原酶（sulfide quinone oxidoreductase, sqr）和黄素细胞色素 c 硫化氢脱氢酶（flavocytochrome c, fcc）调控（Kelly et al., 1997），S^{2-} 作为电子供体转化为 SO_3^{2-} 的过程则由亚硫酸盐还原酶（sulfite reductase, srn）调控（Tan et al., 2013）。S^0 转化为 SO_3^{2-} 的过程则由异二硫化物还原酶（hetero disulfide reductases, hdr）调控（Imhoff and Thiel, 2010）。在 PSO 途径中，转化为 SO_4^{2-} 的中间价态离子主要是 SO_3^{2-}，这一过程亦存在两条途径，分别是由亚硫酸盐氧化酶（sulfite oxidase, so）调控的直接氧化途径（Toghrol and Southerland, 1983）和由磷酸腺苷磷酰硫酸还原酶（phosphoadenosine phosphosulfate reductase, paps）调控的间接氧化途径（Bruser et al., 2000）。在 S4I 途径中，转化为 SO_4^{2-} 的中间价态离子主要是 $S_2O_3^{2-}$，在硫代硫酸盐醌氧化还原酶（thiosulfate quinone oxidoreductase, tqo）的调控下，$S_2O_3^{2-}$ 转化为 $S_4O_6^{2-}$（Moller and Hederstedt, 2008），而 $S_4O_6^{2-}$ 最终在连四硫酸盐水解酶（tetrathionate hydrolase, tth）调控下转化为 SO_4^{2-}（Sakurai et al., 2010）。由于 $S_4O_6^{2-}$ 仅在 S4I 途径中出现，因此该离子可用于检测硫氧化菌是否具有 S4I 途径。

1.3.4　转录组学及其在代谢研究方面的应用

转录组学研究可以从系统的层面研究转录本的表达与功能，从而初步揭示环境微生物生物学过程中的分子机制，已逐渐成为微生物代谢途径研究的重要工具。基于 DNA 测序的基因组分析不能反映单个菌遗传物质中非编码区和编码区的转录水平和转录调控机制，而基于 RNA 测序的转录组分析能更加直接地研究特定环境、特定时期单个菌在某功能状态下转录的所有 RNA（包括 mRNA 和非编码 RNA）的类型及拷贝数，即研究环境微生物功能基因的表达水平及其在不同环境条件下的转录调控规律。转录组测序技术不但具有基因组测序技术的全部优点，并且着重于特定时空下功能基因的表达，有助于阐述生物学过程中的分子机理。Hausmann 等（2018）从酸性泥炭湿地中获得环境样本并提取 RNA，经转录组测序分析发现硫氧化功能基因 *dsr*AB、*dsr*C、*dsr*D、*dsr*N、*dsr*T 等在缺氧条件下显著上调表达，据此探讨了嗜酸杆菌门的成员在酸性泥炭湿地中的硫酸盐还原及硫化物氧化途径。范维（2018）从中国广东省某矿区的酸性矿山废水中分离得到氧化亚铁硫杆菌 *Acidithiobacillus ferrooxidans* SCUT-1，将其接入含硫培养基中并提取 RNA 样本进行转录组测序分析，获得了一系列硫氧化功能基因的显著上调表达，构建了 *A. ferriphilus* SCUT-1 硫氧化反应基本模型。

第 2 章 农村黑臭水体分布特征、主要问题和政策要求

2.1 农村黑臭水体分布特征

2.1.1 农村黑臭水体排查结果

自 2019 年以来，生态环境部先后实施了农村黑臭水体治理试点和全面排查工作，摸清底数，初步明确了农村黑臭水体的名称、地理位置、黑臭面积、污染成因、治理程度等信息，建立了名册台账。截至 2021 年初，全国累计排查出农村黑臭水体 8000 多个，其中将 4000 多个面积较大、黑臭程度严重、生态环境敏感、群众反映强烈的水体纳入了国家监管清单优先治理。总体而言，农村黑臭水体呈现数量多、分布广、面积小等特点。

2.1.2 农村黑臭水体分布特点

我国农村地区的黑臭水体分布具有明显的差异。从空间分布来看，全国农村黑臭水体主要集中在华北和华南地区，分别占全国总数的 37.8% 和 34.5%。从水体面积来看，全国农村黑臭水体水域面积共计 68.5km²，平均面积 8279m²，单个水体面积范围为 300 ~ 12 000m²，其中面积在 2000m² 及以上的水体约占总面积的 95%，占黑臭水体总数的 40%。同时，这些较大面积的农村黑臭水体也主要分布在湖北、安徽、山东等省份，与数量分布情况基本相符。从水体类型与污染成因来看，农村黑臭水体类型主要以塘、沟渠等为主。水体发生黑臭主要是接纳生活污水和养殖污水、长期堆积生活垃圾、水体流动性差等所致。其中，农村生活污水直排又是最主要的单一污染源，约占总数的三分之一。

2.2 农村黑臭水体的主要污染源

农村黑臭水体的主要污染来源为农村生活污染、农业种植污染、工业废水污染、畜禽养殖污染和水产养殖污染等。

农村生活污染指日常生活中产生的污染物，主要包括农村生活污水、农村生活垃圾等。农村地区生活污水收集处理系统尚不健全，农村生活垃圾收集转运体系有待完善。村民日常洗衣、做饭产生的污水大多就近排入周边坑塘或随地泼洒，日常生活垃圾随意丢弃现象仍然存在。农村地区仍有部分旱厕，有些粪便长期堆积，得不到妥善处置，不仅滋生蚊虫、产生恶臭，还容易污染地下水。同时，水冲厕所产生的粪污有些仍未采用收集处理设施，而是直接排入下水道或周边坑塘，导致黑臭水体产生。

农业种植产生的主要污染来源于化肥不合理施用、农药过量使用、农田废弃物等。部分地区对"高投入高产出"理念盲目信任，造成化肥、农药不合理施用，过量施用的化肥流入周边水体，造成水体富营养化，容易引起水体产生黑臭。农作物收割后遗留的秸秆未能有效回收利用或处置，随意堆积在水体周边，使用的地膜、农药瓶等随意丢弃，在部分农村地区仍有发现。

农村地区的工业废水污染主要源于村庄上的小作坊或小型加工厂。例如，豆制品加工、酿酒等，这些小作坊或小型加工厂产生的污水大多未经有效处理而直接排入附近坑塘，增加了水体中的有机物污染物浓度，导致黑臭现象频频产生。

畜禽养殖污染主要包括畜禽粪便、饲料、兽药残留、添加剂污染等。农村地区有部分为散养畜禽，大多散养养殖户没有畜禽粪污处理设施，产生的粪污就近排入周边水体或直接还田利用，少部分农户建有沼气池。据调查，农村地区60%以上的畜禽粪污得不到科学处理，极易造成水体富营养化及生态系统恶化。

农村地区水产养殖污染大多是废弃的鱼塘长期无人管理，残饵、排泄物等长期在水底堆积，造成水体溶解氧含量逐渐降低，有机物厌氧分解，导致水体发黑发臭。

2.3 农村黑臭水体治理的主要问题

（1）农村黑臭水体成因复杂

我国农村黑臭水体分布面广。与城市黑臭水体比较，农村黑臭水体更为分散。农村黑臭水体治理体制机制不完善，技术支撑力量薄弱。此外，我国幅员辽阔，南北方差异较大，各地区情况不一，农村黑臭水体形成条件多样，成因复杂。这些因素加大了农村黑臭水体治理技术筛选的难度。《关于推进农村黑臭水体治理工作的指导意见》明确要求，开展农村黑臭水体治理要坚持因地制宜，各地要充分结合农村类型、自然环境及经济发展水平、水体汇水情况等因素，综合分析黑臭水体的特征与成因，分区分类开展治理。统筹考虑当地经济发展水平、污水规模和居民需求等，合理选择适用的农村黑臭水体治理技术和设施设备，注重实效，不搞一刀切，不搞形式主义。

（2）农村黑臭水体治理技术参差不齐

农村水体黑臭作为百姓反映强烈的水环境问题，其治理激活了巨大的市场空间。在整治城市黑臭水体的热潮中，治理技术种类多样，但经济好用的技术并不多。水体黑臭成因复杂，污染类型繁多，一定程度上也加大了治理技术选择的难度。《农村黑臭水体治理工作指南（试行）》从控源截污、内源控制、生态修复等方面提出了工艺技术要求。各地区农村黑臭水体治理工作中同样存在此类问题，黑臭水体的位置和公众敏感度有所区别，污染成因及治理目标要求不尽相同，不宜用统一的标准选择治理技术，而应结合不同水体的实际情况，合理选择技术可行、经济合理的技术方法。不可否认的是"撒药治污""调水稀释"等应急处理方法确实在短时间内成效显著，但黑臭反弹风险极高且易造成二次污染，误将此类应急处理方法当作解决黑臭问题的常态化措施无异于"饮鸩止渴"。

（3）农村黑臭治理工作尚处于开始阶段

2019 年 7 月，生态环境部、水利部和农业农村部共同印发了《关于推进农村黑臭水体治理工作的指导意见》，实施推进农村黑臭水体治理工作。2019 年 11 月，生态环境部印发了《农村黑臭水体治理工作指南（试行）》，进一步明确了农村黑臭水体排查、治理方案编制、重要治理措施、治理试点申报、治理效果评估等具体工作内容。目前，全国各地正在陆续实施和开展农村黑臭水体治理工作，除试点区域以外，大部分城市仍处于农村黑臭水体治理摸索阶段。接下来如何治理农村黑臭水体，选择什么样的技术更为合适，尚处于探索阶段。

（4）缺少适合区域特点的农村黑臭水体治理技术

各地区农村黑臭水体应充分考虑城乡发展、经济社会状况、生态环境功能区划和农村人口分布等因素，因地制宜地采用污染治理与资源利用相结合、工程措施与生态措施相结合、集中与分散相结合的建设模式和处理工艺。根据不同黑臭河流的污染源分析，从控源截污、清淤疏浚、生态修复等方面进行治理技术比选，对农村黑臭水体进行精准施治，实施全过程管理。

（5）缺少污染物综合治理与资源化利用相结合的适宜技术

农业农村废弃物，如作物秸秆、畜禽粪便、人粪尿等，没有被充分而合理利用，导致土壤和水体污染。农村黑臭水体治理技术应立足农村生产生活实际，对造成农村黑臭水体的污染源，如生活污水、垃圾、畜禽粪污等，优先采取资源化利用技术措施，降低治污成本。已消除黑臭，且水质满足农田灌溉水质要求的水体，可进行资源化利用，满足农业用水、用肥要求。审慎采取投加化学药剂和生物制剂等治理技术，强化技术安全性评估，避免对水环境和水生态造成不利影响和二次污染。

2.4 农村黑臭水体治理的政策要求

近年来，国家印发了一系列政策文件，对农村人居环境综合整治和农村黑臭水体治理工作提出了要求。

2018 年 2 月，中共中央办公厅、国务院办公厅印发的《农村人居环境整治三年行动方案》中指出，以房前屋后河塘沟渠为重点实施清淤疏浚，采取综合措施恢复水生态，逐步消除农村黑臭水体。2019 年 1 月，《中共中央 国务院关于坚持农业农村优先发展做好"三农"工作的若干意见》发布，补齐了农村人居环境和公共服务短板。2019 年 7 月，生态环境部会同水利部、农业农村部印发了《关于推进农村黑臭水体治理工作的指导意见》，提出要推动农村地区启动黑臭水体治理工作，开展排查摸清底数，选择典型区域先行先试，按照"分类治理、分期推进"工作思路，充分调动农民群众积极性、主动性，补齐农村水生态环境保护突出短板，为全面建成小康社会打下坚实基础。2019 年 11 月，为贯彻落实《农村人居环境整治三年行动方案》《关于推进农村黑臭水体治理工作的指导意见》，指导各地组织开展农村黑臭水体治理工作，解决农村突出水环境问题，进一步增强广大农民的获得感和幸福感，生态环境部印发《农村黑臭水体治理工作指南（试行）》，对农村黑臭水体治理思路及措施提出了要求。

2020 年 3 月，生态环境部印发《农村环境整治实施方案（试行）》（土壤函〔2020〕7 号），要求开展农村生活污水治理现状调查，完成全国县域农村生活污水治理专项规划编制；初步完成农村黑臭水体排查，建立全国农村重点黑臭水体清单，开展 10 个省份农村黑臭水体整治试点。2020 年 5 月，生态环境部印发了《农村生活污水（黑臭水体）治理综合试点工作方案》，提出在河北、湖北等 10 个省份的 34 个县（市、区）开展试点，探索建立典型地区农村生活污水（黑臭水体）治理模式与管理机制。

2021 年 1 月，中共中央 国务院 1 号文《关于全面推进乡村振兴 加快农业农村现代化的意见》提出，要分类有序推进农村厕所革命，加快研发干旱、寒冷地区卫生厕所适用技术和产品，加强中西部地区农村户用厕所改造。统筹农村改厕和污水、黑臭水体治理，因地制宜建设污水处理设施。2021 年 12 月，中共中央办公厅、国务院办公厅印发《农村人居环境整治提升五年行动方案（2021—2025年)》，提出加强农村黑臭水体治理。摸清全国农村黑臭水体底数，建立治理台账，明确治理优先序。开展农村黑臭水体治理试点，以房前屋后河塘沟渠和群众反映强烈的黑臭水体为重点，采取控源截污、清淤疏浚、生态修复、水体净化等措施综合治理，基本消除较大面积黑臭水体，形成一批可复制可推广的治理模式。鼓励河长制、湖长制体系向村级延伸，建立健全促进水质改善的长效运行维护机制。

2022 年 1 月，中共中央、国务院印发的《关于做好 2022 年全面推进乡村振兴重点工作的意见》中指出，要接续实施农村人居环境整治提升五年行动。分区分类推进农村生活污水治理，优先治理人口集中村庄，不适宜集中处理的推进小型化生态化治理和污水资源化利用；加快推进农村黑臭水体治理。2022 年 5 月，中共中央办公厅、国务院办公厅印发了《乡村建设行动实施方案》，提出实施农村人居环境整治提升五年行动；统筹农村改厕和生活污水、黑臭水体治理，因地制宜建设污水处理设施，基本消除较大面积的农村黑臭水体。

我国农村环境基础设施建设滞后、工作基础薄弱，农村黑臭水体治理工作须从"查、治、管"三方面，按照"摸清底数—试点示范—全面完成"分阶段推进；到 2025 年，形成一批可复制、可推广的农村黑臭水体治理模式，加快推进农村黑臭水体治理工作；到 2035 年，基本消除我国农村黑臭水体。

第3章 寡养单胞菌对 S^{2-} 的氧化特性研究

3.1 材料与方法

3.1.1 寡养单胞菌来源

寡养单胞菌 *Stenotrophomonas* sp. sp3 由北京市东沙河黑臭水体泥水混合物中分离筛选并保存。目前，该菌种在美国国立生物技术信息中心（National Center for Biotechnology Information，NCBI）数据库中的分类为：细菌，变形菌门（Proteobateria），丙型变形菌纲（Gamaproteobacteria），黄单胞菌目（Xan-thomonadales），假单胞菌科（Xanthomonas），寡养单胞菌属（*Stenotrophomonas*）。

3.1.2 培养基

固体培养基：$Na_2S \cdot 9H_2O$ 0.162g/L，NaCl 0.05g/L，KNO_3 0.1g/L，$MgSO_4 \cdot 7H_2O$ 0.05g/L，$FeSO_4 \cdot 7H_2O$ 0.002g/L，K_2HPO_4 0.05g/L，葡萄糖 20g/L，蛋白胨 10g/L，酵母浸膏粉 5g/L 和琼脂 15~20g/L。

液体培养基：葡萄糖 20g/L，胰蛋白胨 10g/L 和酵母浸膏粉 10g/L。

每种培养基在使用前均调节 pH 至 7.0，在 100MPa 和 121℃ 条件下灭菌 20min。

3.1.3 含 S^{2-} 人工废水的配制

实验用含 S^{2-} 的废水采用人工配置。根据 Zhuang 等（2017）的描述并对配水成分进行优化，主要成分如表 3-1 所示。含 S^{2-} 废水配制后灭菌备用。灭菌条件为 100MPa，121℃，20min。

表 3-1　含 S^{2-} 人工配制废水

序号	主要成分	数值
1	$C_6H_{12}O_6/(g/L)$	2.50
2	$K_2HPO_4/(g/L)$	0.40
3	$NH_4Cl/(g/L)$	1.00
4	$Na_2S \cdot 9H_2O/(g/L)$	0.162
5	pH	7.0

3.1.4　菌液的制备

（1）菌株活化

本实验 *Stenotrophomonas* sp. sp3 最初为冷冻保存，因此需要对其进行复苏活化处理。无菌环境下用接种环挑取适量解冻后的 *Stenotrophomonas* sp. sp3 于固体培养基上进行平板划线活化，于 25℃ 恒温条件下培养 48h，观察并记录其表面形态、大小、颜色等菌落特征。

（2）种子液的制备与扩培发酵

挑取平板上分离出的新鲜单菌，接种到装有 100ml 液体培养基的 250ml 锥形瓶中，转速 120r/min，25℃ 恒温条件下培养 48h 后用作种子液（菌液浓度为 2.5×10^8 cfu/ml）。

再按照 5% 的接种量转接至新鲜的液体培养基中，于 25℃ 120r/min 的恒温振荡培养箱中分批次发酵，将扩大培养 48h 后的菌液（菌液浓度为 2.47×10^8 cfu/ml）在 4℃ 8000r/min 条件下离心 8min，用超纯水清洗 3 次。将收集得到的菌体用于硫氧化条件优化实验及后续转录组分析实验。

（3）革兰氏染色及形态观察实验

革兰氏染色实验一般包括涂片、干燥固定、初染（草酸铵结晶紫染液）、媒染（碘酒）、脱色（95% 乙醇）、复染（番红复染液）等步骤，具体操作方法如下。

1）取载玻片用纱布擦干，载玻片的一面用记号笔画一个小圈（用来大致确定菌液滴的位置），涂菌的部位在火焰上烤一下，除去油脂。

2）涂片：挑一环蒸馏水于载玻片中央，再用无菌接种环挑取固体培养基上的少量寡养单胞菌与玻片上的水滴均匀混合，使其薄而均匀。

3）固定：将涂片在空气中干燥，手持玻片一端，有菌膜的一面朝上，玻片在酒精灯火焰上快速通过 3 次（以不烫手为宜），以让菌膜更加牢固地贴在玻片上，待冷却后滴加染料。

4）初染：手持玻片一端，滴加草酸铵结晶紫染液染色 1min 后，倾去结晶紫染液，将玻片倾倒一定角度，用细小的水流小心地冲洗，直到玻片上的水流无色，再用吸水纸小心将水吸干。

5）媒染：滴加碘液染色 1min 后，按照上述步骤用细小水流小心冲洗。

6）脱色：吸去残留水，滴加 95% 乙醇脱色 25s，将玻片稍微摇晃几下后立即倾去乙醇。如此重复 2~3 次，立即水洗，再用吸水纸吸干，以终止脱色。

7）复染：滴加番红复染液染色 3min，水洗后用吸水纸吸干。

8）镜检：先在 4 倍、10 倍、40 倍的低倍镜下分别观察细菌，找到最好的视野，再在载玻片上滴加香柏油，转到 100 倍的高倍镜，使镜头完全浸在油中，观察细菌，使用完毕后用二甲苯擦洗镜头。

3.1.5 *Stenotrophomonas* sp. sp3 生长及硫氧化条件优化

（1）温度对菌株生长及 S^{2-} 氧化率的影响

将扩培发酵实验中生长至稳定期的 *Stenotrophomonas* sp. sp3 接入装有 200ml 含 S^{2-} 人工配制废水的锥形瓶中，培养时将恒温振荡培养箱中温度分别调为 5℃、15℃、20℃、25℃、30℃ 和 35℃，于 120r/min 转速下反应 48h 后取样，用紫外分光光度计测定细菌生长量 OD_{600} 值，水样中 S^{2-} 浓度需经 0.45μm 膜过滤后采用亚甲基蓝分光光度法测定。

（2）初始 pH 对菌株生长及 S^{2-} 氧化率的影响

将扩培发酵实验中生长至稳定期的 *Stenotrophomonas* sp. sp3 接入装有 200ml 含 S^{2-} 人工配制废水的锥形瓶中，用 HCl（1.0mol/L）或 NaOH（1.0mol/L）分别将初始 pH 调节为 4.0、5.0、6.0、7.0 和 8.0，25℃，120r/min 转速下反应 48h 后取样，分别测定 OD_{600} 值和 S^{2-} 浓度。

（3）初始葡萄糖浓度对菌株生长及 S^{2-} 氧化率的影响

配制含 S^{2-} 废水时，设置不同的葡萄糖浓度，分别为 0.05%、0.10%、0.25%、0.50% 和 1.00%（v/v），其他成分不变。再将扩培发酵实验中生长至稳定期的 *Stenotrophomonas* sp. sp3 分别接入含 S^{2-} 配制废水中，于 25℃，120r/min 转速下反应 48h 后取样。通过对 OD_{600} 值和 S^{2-} 浓度的测定，找出不同初始葡萄糖浓度对菌株生长及 S^{2-} 氧化率的影响。

（4）初始菌浓度对菌株生长及 S^{2-} 氧化率的影响

在装有 200ml 含 S^{2-} 人工配制废水的锥形瓶中，将扩培发酵实验中生长至稳定期的 *Stenotrophomonas* sp. sp3 分别按湿重 0.01g/L、0.10g/L、1.00g/L、2.00g/L

和 5.00g/L 接入，其他成分不变。于 25℃，120r/min 转速下反应 48h 后取样。通过对 OD_{600} 值和 S^{2-} 浓度的测定，找出不同初始菌浓度对菌株生长及 S^{2-} 氧化率的影响，进而确定 *Stenotrophomonas* sp. sp3 对 S^{2-} 离子的最适生物氧化条件。

（5）寡养单胞菌对 S^{2-} 氧化及其生长曲线

测定 *Stenotrophomonas* sp. sp3 对 S^{2-} 氧化能力的实验在最适硫氧化条件下进行。将 *Stenotrophomonas* sp. sp3 按 1.00g/L 的接种量转接至含 S^{2-} 人工配制废水中，分别于 0、0.5h、2h、4h、8h、12h、18h、30h、36h、48h、60h、72h 定时测定细菌生长量和剩余 S^{2-} 浓度，绘制菌株的 S^{2-} 氧化曲线和生长曲线。

3.1.6　分析方法

水样中测定指标包括 S^{2-}、细菌生长量 OD_{600} 以及初始菌液中菌落总数（colony-forming units，CFU）。S^{2-} 采用亚甲基蓝分光光度法测定，*Stenotrophomonas* sp. sp3 生长量 OD_{600} 按照 Mittal 和 Goel（2010）描述的细菌计数法测定，CFU 的测定根据 Wang 等（2014）描述方法采用平板菌落计数法测定。每组实验设置 3 组平行实验，分别测定 S^{2-} 和 OD_{600}。数据分析处理采用 Microsoft Excel 2010 软件，图形绘制采用 OriginPro 8.0 软件。

3.2　结果与讨论

3.2.1　*Stenotrophomonas* sp. sp3 活化及形态观察

Stenotrophomonas sp. sp3 在固体培养基上于 25℃ 恒温培养 48h 后，为灰黄色不透明圆形菌落，边缘光滑，部分不规则，质地黏稠，菌落有氨气味，直径 0.5～1mm，中央突起 [图 3-1（a）]。通过革兰氏染色实验观察到菌株颜色呈红色 [图 3-1（b）]，菌体微小且为短杆状，为革兰阴性菌。

3.2.2　温度对菌株生长及 S^{2-} 氧化率的影响

温度的改变可影响微生物代谢相关的各种酶活性，并引起氧化还原电位等环境因子的变化，从而影响微生物的生命活动，进而影响微生物进行硫氧化等的代谢活动（Sokolova and Portner，2001）。现有研究表明，在一定温度范围内，生化反应速率可随温度上升而加快。但是，当温度超过一定阈值，则细胞功能下降。

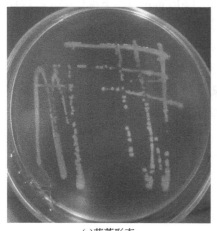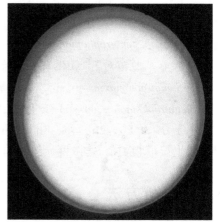

(a)菌落形态   (b)菌体形态

图 3-1 *Stenotrophomonas* sp. sp3 的菌落形态及菌体形态

夏季和冬春交替时期是水体黑臭现象的高发期，夏季温度最高可达 45℃，而在冬春交替时节，气温一般维持在 5~15℃，这两个时间段温差较大（温灼如等，1987；王国芳，2015）。因此，有必要考察温度对 *Stenotrophomonas* sp. sp3 生长及 S^{2-} 氧化率的影响。

温度对 *Stenotrophomonas* sp. sp3 生长及 S^{2-} 氧化的影响如图 3-2 所示。实验中控制温度分别为 5℃、15℃、20℃、25℃、30℃和 35℃。在 5~15℃的低温条件下，菌株生长量较小，对 S^{2-} 的氧化率均低于 40%；随着温度的升高，菌株的生长量和对 S^{2-} 的氧化率随之增加，在温度为 25℃时达到最高，此时 S^{2-} 的氧化率高达 85.2%；当温度继续提高至 35℃时，菌株的生长量和对 S^{2-} 的氧化率略有下降。可以明显得出，*Stenotrophomonas* sp. sp3 嗜中温，能够在温度适宜的条件下，尤其是 25℃进行各项代谢活动。因此，控制温度为 25℃对 S^{2-} 的氧化较为适宜。

3.2.3 初始 pH 对菌株生长及 S^{2-} 氧化率的影响

pH 是影响生化反应及微生物生长过程中的关键因素之一，并且对菌体代谢的各种酶活性有调节作用。pH 能够通过影响细胞膜的通透性，最终影响菌体的生长以及代谢产物的形成（Arikado et al., 1999）。

由于摇瓶发酵试验过程中 pH 难以控制，因此实验中，只控制发酵液的初始 pH。不同初始 pH（4.0、5.0、6.0、7.0、8.0）对 *Stenotrophomonas* sp. sp3 生长量及 S^{2-} 氧化率的影响如图 3-3 所示。初始 pH 为 4.0~8.0 时，菌株均可生长，

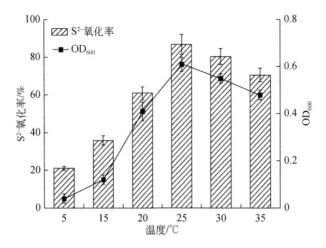

图 3-2   温度对 *Stenotrophomonas* sp. sp3 生长及 S²⁻ 氧化率的影响

且生长量和 S²⁻ 氧化率随着初始 pH 由强酸性到弱碱性呈现先上升后显著下降的变化趋势。当初始 pH 在 6~7 范围内时，菌株的生长较好，S²⁻ 的氧化率亦较高，皆达到 85% 左右。碱性条件不适合菌株生长，也不利于对 S²⁻ 的生物氧化。因此，初始 pH 为 7.0 时较为适宜 *Stenotrophomonas* sp. sp3 的生长及对 S²⁻ 的生物氧化。

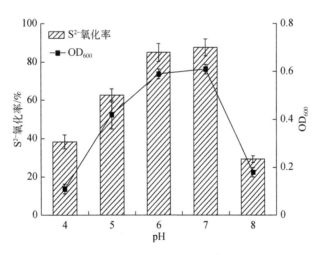

图 3-3   初始 pH 对 *Stenotrophomonas* sp. sp3 生长及 S²⁻ 氧化率的影响

3.2.4 初始葡萄糖浓度对菌株生长及 S^{2-} 氧化率的影响

葡萄糖是一种来源较广且重要的简单碳水化合物，它在水处理的生化途径中扮演着重要角色，可被微生物普遍利用，许多与生物代谢途径相关的研究均采用葡萄糖作为主要碳源（莫艳华等，2012）。因此，本研究以不同初始葡萄糖浓度（0.05%、0.10%、0.25%、0.50%、1.00%）配制含 S^{2-} 废水，考察初始葡萄糖浓度对 *Stenotrophomonas* sp. sp3 生长及对 S^{2-} 氧化率的影响，结果如图 3-4 所示。当初始葡萄糖浓度由 0.05% 提高至 0.25% 时，*Stenotrophomonas* sp. sp3 的生长量显著增加。这说明葡萄糖是极易被 *Stenotrophomonas* sp. sp3 分解利用的碳源，能促进细菌的生长繁殖。当初始葡萄糖浓度继续提高至 1% 时，菌株生长量的增长趋于缓慢，这是因为微生物细胞膜输入葡萄糖的能力趋近饱和。S^{2-} 的氧化率随着初始葡萄糖浓度的提高呈现先升高后下降的变化趋势。当初始葡萄糖浓度为 0.25% 时，菌株对 S^{2-} 的生物氧化能力最强，S^{2-} 的氧化率达到 83% 左右。因此，最适宜的初始葡萄糖浓度为 0.25%。

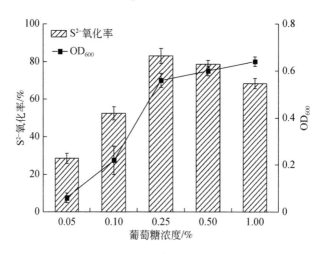

图 3-4　初始葡萄糖对 *Stenotrophomonas* sp. sp3 生长及 S^{2-} 氧化率的影响

3.2.5 初始菌浓度对菌株生长及 S^{2-} 氧化率的影响

初始菌浓度亦是影响微生物代谢活动的重要因素之一（Liu et al., 2008）。本研究中初始菌浓度对 *Stenotrophomonas* sp. sp3 生长及对 S^{2-} 氧化率的影响如图 3-5所示。当初始菌浓度由 0.01g/L 提高至 1.00g/L 时，S^{2-} 的氧化率达到最高，为 81.3%。继续提高初始菌浓度后，*Stenotrophomonas* sp. sp3 对 S²⁻ 的氧化却保持基本稳定。Pradhan 和 Rai（2000）研究亦发现，将菌株生物量由 0.064g 提高 1 倍时，微生物对 Cu^{2+} 的去除率却不再增加。因此，在本研究中最适的初始菌浓度为 1.00g/L。

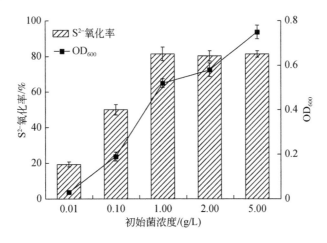

图 3-5 初始菌浓度对 *Stenotrophomonas* sp. sp3 生长及 S²⁻ 氧化率的影响

3.2.6 寡养单胞菌在含 S²⁻ 废水中的生长曲线与 S²⁻ 氧化曲线

通过研究 *Stenotrophomonas* sp. sp3 的生长特性及硫氧化特性，获得 S²⁻ 氧化的适宜条件：温度 25℃，初始 pH 7.0，初始葡萄糖浓度 0.25%，初始菌浓度 1.00g/L。将寡养单胞菌在此适宜条件下培养 72h，得到 S²⁻ 的剩余浓度及菌株生长量的变化曲线，结果如图 3-6 所示。*Stenotrophomonas* sp. sp3 的生长曲线符合细菌的群体生长规律。前 16h 为菌株的延滞期。随着菌株的加入，S²⁻ 剩余浓度开始迅速下降。在第 16h 后，菌株开始快速生长，至第 35h 达到最大值。因此，这 19h 为菌株的对数生长期。在此期间，菌株对 S²⁻ 的氧化反应继续进行，促使 S²⁻ 的剩余浓度持续下降。在第 35~60h *Stenotrophomonas* sp. sp3 的数量处于基本稳定的状态，菌株的生长进入稳定期。在菌株的稳定期，S²⁻ 的剩余浓度缓慢下降，在第 60h 达到最低值，为 2.9mg/L，S²⁻ 氧化率高达 86.6%。此后，菌株的数量开始迅速下降，*Stenotrophomonas* sp. sp3 处于衰亡期。S²⁻ 的剩余浓度在 *Stenotrophomonas* sp. sp3 的衰亡期保持基本稳定的状态。上述结果表明，*Stenotrophomonas* sp. sp3 对 S²⁻ 的生物氧化过程发生在前 35h，即菌株的延滞期和对数生长期。

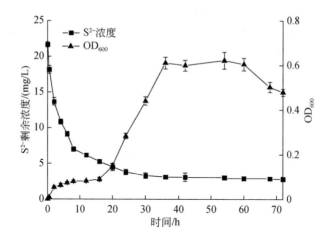

图 3-6 *Stenotrophomonas* sp. sp3 的生长曲线和 S^{2-} 氧化曲线

第 4 章 | 寡养单胞菌氧化 S^{2-} 的转录组学研究

4.1 材料与方法

4.1.1 含 S^{2-} 人工废水

含 S^{2-} 人工废水的配制见 3.1.3 节。

4.1.2 菌株来源与菌液制备

Stenotrophomonas sp. sp3 来源及菌液制备见 3.1.4 节。

4.1.3 *Stenotrophomonas* sp. sp3 对 S^{2-} 的生物氧化过程

将活化培养 48h 后的 *Stenotrophomonas* sp. sp3 在 4℃、8000rpm 条件下离心 10min，用超纯水清洗 3 次，将得到的菌体按 1.0g/L 加入到含 S^{2-} 废水中，同时设置未添加任何微生物的对照组，在有氧条件下，于 25℃ 恒温震荡（120r/min）培养 60h，反应过程中定时取样，测定水样中 S^{2-}、S^0、$S_2O_3^{2-}$、$S_4O_6^{2-}$、SO_3^{2-} 和 SO_4^{2-} 的浓度，并获得分别处于延迟期（1.0h）、对数期（18h）、稳定期（30h）和衰亡期（60h）的 *Stenotrophomonas* sp. sp3，进行转录组学分析，以期能够探寻不同时间点 *Stenotrophomonas* sp. sp3 对无机硫的生物氧化过程和关键硫氧化功能基因的实际转录活性及其真实表达水平之间的关系，进而阐明其对硫离子的氧化机制，为后续 *Stenotrophomonas* sp. sp3 处理实际黑臭水样的研究奠定生物信息学研究基础。

4.1.4 RNA 提取、建库与转录组测序

（1）总 RNA 的提取

本章研究中对微生物的转录组测序委托北京路思达生物信息科技有限公司完

成。采用美国赛默飞公司的 Trizol Reagent（Invitrogen）试剂提取处于不同生长时期的 *Stenotrophomonas* sp. sp3 的总 RNA，试剂的使用遵循说明书。

完成转录组 RNA 抽提后，利用核酸分析仪（Agilent 2100 Bioanalyzer，美国安捷伦）分别测定样品 1h、18h、30h、60h 的质量完整性数 RIN（RNA integrity number，RIN），利用微量紫外分光光度计（NanoDrop2000，美国 Thermo）分别测定 OD_{230}、OD_{260} 以及 OD_{280} 的大小。RIN 值通常代表着 RNA 质量的高低，从 0 ~ 10，值越大就说明 RNA 的质量越高，完整性越好。OD_{230} 为碳水化合物最高吸收峰的吸收波长，OD_{260} 为核酸最高吸收峰的吸收波长，OD_{280} 为蛋白质最高吸收峰的吸收波长，一般要求 RNA 的 RIN 值 $\geqslant 7.0$，$OD_{260}/OD_{280} \geqslant 1.8$，$OD_{260}/OD_{230} \geqslant 1.5$ 则可以达到建库标准（Wang et al.，2013）。

RNA 的质量评估还需要利用 1μl RNA 样品进行 1% 琼脂糖凝胶电泳检测。因为 mRNA 只占总 RNA 量的 1%~5%（Hu et al.，2002），含量较少，而 rRNA 和 tRNA 含量较多且片段较大，所以从琼脂糖电泳图上很难看清 mRNA 的条带，但可以通过观察 5s（Small RNA）、18s（tRNA）和 28s（rRNA）条带的亮度大小评估总 RNA 的降解与否。若只出现 5s、18s 及 28s 三条带，且 5s 条带亮度较小，28s 和 18s 条带亮度大，则表明 RNA 完整性较好，没有发生降解。反之，则表明 RNA 发生降解，无法进行后续实验。

（2）RNA 的纯化

在提取的总 RNA 质量合格的基础上，用脱氧核糖核酸酶 I（Deoxyribonuclease I，DNase I/RNase-free）将 RNA 样品中的 DNA 去除，并利用 Ribo-ZeroTMrRNA Removal Kit 试剂盒去除原核总 RNA 中的 rRNA，并利用 Oligo（dT）18 磁珠进行 mRNA 的富集。

（3）转录组文库的构建

加入破碎液，将纯化后的 mRNA 断裂成片段（片段化处理），然后以片段 mRNA 为模板，用六碱基随机引物（random hexamers）反转录合成第一条 cDNA 链，并加入缓冲液、脱氧腺苷三磷酸 dATP、脱氧鸟苷三磷酸 dGTP、脱氧胞苷三磷酸 dCTP、脱氧尿苷三磷酸 dUTP、RNA 酶 H 和 DNA 聚合酶进行合成第二条 cDNA 链。合成的双链 cDNA 经 VAHTS Universal DNA Library Prep Kit for Illumina V3 试剂盒纯化后，再经末端修复、加碱基 A，加测序接头，然后用尿嘧啶糖苷酶 UNG 消化第二条 cDNA 链，保留含有测序接头的单链 cDNA。采用适当的循环数，对 cDNA 进行 PCR 扩增，从而完成转录组文库构建工作。

（4）上机测序

对 cDNA 进行 Agilent 2100 检测，利用 Illumina HiSeq 2000 进行上机测序。

4.1.5　RNA-seq 生物信息学分析

获得 4 个样品的转录组原始测序序列（sequenced reads）后，进一步对 *Stenotrophomonas* sp. sp3 的转录组数据进行生物信息学分析，探究参与无机硫氧化、调控及转运等相关功能基因的真实表达情况，分析流程如图 4-1 所示。

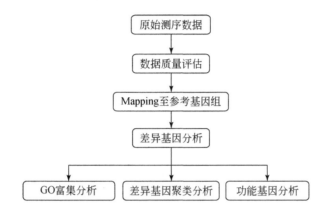

图 4-1　RNA-seq 生物信息分析流程

（1）测序数据质量分析

高通量测序（如 Illumina HiSeq 2000 等测序平台）得到的原始图像数据文件经碱基识别（base calling）分析转化为原始测序序列（sequenced reads），我们称之为 raw data 或 raw reads，结果以 fastq 文件格式存储，其中包含质量值 $Q<20$ 的碱基数占整个序列 50% 以上的低质量 reads、含未知碱基 N 的比例大于 10% 的 reads、含测序接头的 reads 以及某些污染 reads 等，为保证后续分析的准确性，先采用 BBDuk 软件对各 fastq 文件进行修剪和过滤低质量序列（quality-trimming and filtering）、过滤引物序列（adapter filtering）以及过滤污染物（contaminant-filtering），以得到高质量的 clean reads，并采用序列比对软件 SOAPaligner/soap2 将 clean reads 比对到寡养单胞菌属的参考基因组（*Stenotrophomonas* sp. sp3）（Li et al.，2011），使其定位到基因组。比对过程中允许 1 个碱基的错配（Langmead et al.，2009）。

（2）基因表达量的分析

基因表达量（differentially expressed genes，DECs）的统计，是基于 TPM（transcripts per million，TPM）的计算方法［式（4-1）］，利用 RSEM 软件通过定位到基因组区域或基因外显子区的 reads 的计数来获得基因表达量 TPM 值

（Dewey and Bo，2011）。TPM 同时考虑了外显子 exon 长度造成的差异和样本间测序总 reads count 不同造成的差异，是目前最为常用的基因表达水平估算方法。

$$TPM = \frac{N_i/L_i \times 10^6}{sum(N_1/L_1 + N_2/L_2 + \cdots + N_n/L_n)} \tag{4-1}$$

式中，N_i 为比对到第 i 个 exon 的 reads 数；L_i 为第 i 个 exon 的长度；$sum(N_1/L_1 + N_2/L_2 + \cdots + N_n/L_n)$ 为所有（n 个）exon 按长度进行标准化之后数值的和。

（3）差异表达基因的分析

采用 edgeR 软件对各组间（1~18h，18~30h，30~60h）进行差异表达基因的比对分析（Law et al.，2016），对 edgeR 软件检测结果按照差异显著性标准（差异基因的表达量变化高于两倍且 P 值小于 0.05）进行筛选，并统计基因显著性差异表达上下调的情况。

（4）差异表达基因的 GO 富集

利用 agriGO 软件进行寡养单胞菌硫氧化转录组的功能注释和基因本体论（gene ontology，GO）的富集分析（Postnikova et al.，2013），利用费希尔精确检验（Fisher's exact test，$P<0.05$）法检验 *Stenotrophomonas* sp. sp3 硫氧化转录组中各个差异表达基因的功能分类，将 *Stenotrophomonas* sp. sp3 转录组的基因功能分为分子功能（molecular function，MF）、细胞组分（cellular component，CC）及生物过程（biological process，BP）3 类。最后利用 agriGO 软件对 *Stenotrophomonas* sp. sp3 硫氧化转录组的 3 类功能进行详细总结分类并进行可视化作图。

（5）差异表达基因的聚类分析

对差异基因进行表达模式聚类分析，使样本间的基因表达差异性与相似性可视化。

4.1.6 分析方法

水样中测定指标包括 S^{2-}、S^0、$S_2O_3^{2-}$、$S_4O_6^{2-}$、SO_3^{2-} 和 SO_4^{2-}。水样各指标经 0.45μm 膜过滤后测定。S^{2-} 和 S^0 采用分光光度法测定，$S_2O_3^{2-}$、SO_3^{2-} 和 SO_4^{2-} 采用离子色谱仪测定，$S_4O_6^{2-}$ 采用高效液相色谱法测定。RIN 值采用 Agilent2100 测定，OD_{260}、OD_{230} 和 OD_{280} 采用微量紫外微量分光光度计测定。

每组实验设置 3 个平行样品，每组实验数据测 3 次求平均值。数据处理及分析分别采用 OriginPro 8.0 和 Microsoft Excel 2010 软件。

4.2 结果与讨论

4.2.1 测序数据分析

4.2.1.1 RNA 的提取与质检

在 S²⁻ 的生物氧化过程中，分别于 1h、18h、30h 和 60h 收集细菌，提取各样品的 RNA 用于转录组学分析。RNA 质量的好坏直接影响后续分析结果，所以有必要先对 RNA 的质量进行检测。各样品总 RNA 的琼脂糖凝胶电泳结果如图 4-2 所示，每个样品 RNA 的 28s 和 18s 条带清晰，5s 条带较暗，说明所提取的 RNA 未产生降解。

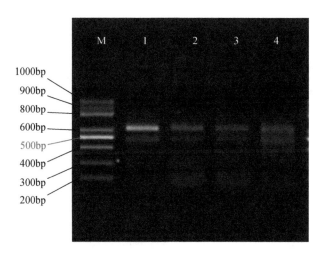

图 4-2 总 RNA 1% 琼脂糖凝胶电泳图（M：Marker；1-4：转录组测序样品）

采用 NanoDrop 2000 对所提取的 RNA 进行质量检测，结果如表 4-1 所示。表 4-1 显示了 RNA 质控的基本参数，4 个样本的 RNA 完整度值 RIN（RNA integrity number）均达到 8 以上，OD_{260}/OD_{280} 值均大于 1.8，OD_{260}/OD_{230} 值均大于 1.5，表明 RNA 样本基本无色素、蛋白、DNA 等杂质污染，且纯度和浓度较高。

Agilent 2100 对所提取的 RNA 质量检测结果如图 4-3 所示。由图 4-3 可见，每个样品的总 RNA 出峰完整，集中程度高，说明提取的 RNA 完整性较高。上述结果表明，各个样品 RNA 质量合格，可以用于后续转录组学文库构建和测序分析。

表 4-1 样品总 RNA 质量检测结果

样品	RNA 浓度 /（ng/μl）	体积/μl	总量/μg	OD_{260}/OD_{280}	OD_{260}/OD_{230}	RIN 值
1h	174	30	5.22	1.86	2.11	8.3
18h	118	30	3.54	1.89	2.14	8.5
30h	100	30	3.00	1.94	2.15	8.2
60h	132	30	3.96	1.96	2.18	8.4

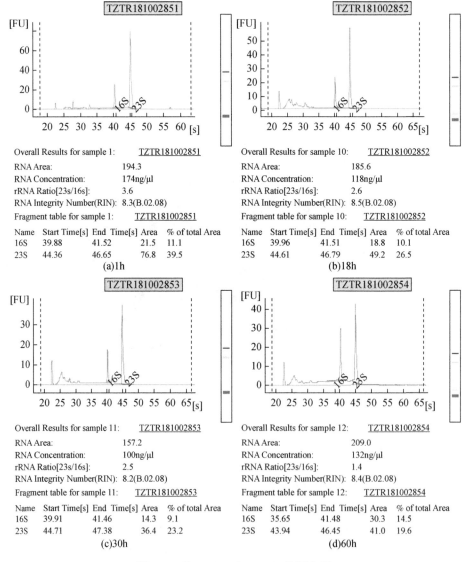

TZTR181002851

Overall Results for sample 1:   TZTR181002851
RNA Area: 194.3
RNA Concentration: 174ng/μl
rRNA Ratio[23s/16s]:   3.6
RNA Integrity Number(RIN): 8.3(B.02.08)

Fragment table for sample 1:   TZTR181002851

Name	Start Time[s]	End Time[s]	Area	% of total Area
16S	39.88	41.52	21.5	11.1
23S	44.36	46.65	76.8	39.5

(a)1h

TZTR181002852

Overall Results for sample 10:   TZTR181002852
RNA Area: 185.6
RNA Concentration: 118ng/μl
rRNA Ratio[23s/16s]:   2.6
RNA Integrity Number(RIN): 8.5(B.02.08)

Fragment table for sample 10:   TZTR181002852

Name	Start Time[s]	End Time[s]	Area	% of total Area
16S	39.96	41.51	18.8	10.1
23S	44.61	46.79	49.2	26.5

(b)18h

TZTR181002853

Overall Results for sample 11:   TZTR181002853
RNA Area: 157.2
RNA Concentration: 100ng/μl
rRNA Ratio[23s/16s]:   2.5
RNA Integrity Number(RIN): 8.2(B.02.08)

Fragment table for sample 11:   TZTR181002853

Name	Start Time[s]	End Time[s]	Area	% of total Area
16S	39.91	41.46	14.3	9.1
23S	44.71	47.38	36.4	23.2

(c)30h

TZTR181002854

Overall Results for sample 12:   TZTR181002854
RNA Area: 209.0
RNA Concentration: 132ng/μl
rRNA Ratio[23s/16s]:   1.4
RNA Integrity Number(RIN): 8.4(B.02.08)

Fragment table for sample 12:   TZTR181002854

Name	Start Time[s]	End Time[s]	Area	% of total Area
16S	35.65	41.48	30.3	14.5
23S	43.94	46.45	41.0	19.6

(d)60h

图 4-3 总 RNA Agilent 2100 检测分析

4.2.1.2 原始测序数据统计

利用 Illumina HiSeq 2000 测序平台对构建的 4 个寡养单胞菌的 cDNA 文库进行 paired-end 转录组测序，4 个文库共获得 64 347 492 条原始 reads，共获得 9.65 Gbp 的碱基数。为了提高后续分析的质量和可靠性，有必要对原始数据进行处理。数据处理后分别对 1h、18h、30h 和 60h 的测序数据进行统计，每个样本测序数据处理结果如表 4-2 所示。在过滤掉测序接头序列和低质量 reads 后，1h、18h、30h 和 60h 的有效 reads 数分别占原始 reads 数的 96.6%、96.5%、96.5% 和 98.2%，1h、18h、30h 和 60h 的有效碱基数分别占原始碱基数的 96.6%、96.4%、96.4% 和 98.2%。Q20 和 Q30 则直接反映了测序碱基的准确性，采用 FastQC 软件对有效 reads 进行质量分析，每个样本的 Q20 值均在 96% 以上，Q30 值均在 89% 以上，GC 含量的百分比也在 40% 以上。

表 4-2 转录组测序质量统计表

样品	原始 reads 数	有效 reads 数	原始碱基数 /Gbp	有效碱基数 /Gbp	Q20 /%	Q30 /%	GC /%
1h-1	15863564	15326014	2.379535	2.298177	96.11	90.03	58.23
18h-1	15482376	14934958	2.322356	2.239006	96.02	89.92	54.25
30h-1	16274348	15701868	2.441152	2.352987	96.09	90.31	40.05
60h-1	16727204	16432866	2.509081	2.462580	97.17	92.85	45.64
1h-2	18202390	17981528	2.730358	2.696319	98.01	94.33	60.39
18h-2	17678794	17471610	2.651819	2.618940	97.98	94.30	60.37
30h-2	18714014	18471182	2.807102	2.766900	97.80	94.19	43.87
60h-2	16643080	16438374	2.496462	2.462594	97.90	94.34	49.37

样品 5′ 端和 3′ 端测序碱基质量分布如图 4-4 所示。横坐标表示每个测序碱基位置坐标（测序的读长为 150bp，坐标范围 1~150），纵坐标表示碱基质量 Q 值（坐标范围 0~40）。图中"Ⅰ"型垂直黑线指定的范围代表该位点所有 reads 碱基质量综合 Q 值，最上方的短线代表 90%，最下方的短线代表 10%，黄色垂直方块的上下两端分别代表碱基质量的上四分位值和下四分位值，中间的红线代表碱基质量值的中位数，蓝色的线代表平均值。由于 Hiseq 测序是双端测序，随着测序的进行，由于试剂的消耗、酶的活性逐步下降等原因，测序质量开始逐渐降低。因此，到达一定测序长度后，碱基质量 Q 值也会随之下降。具体以一条 read

为统计单位,从 5′端到 3′端,样品 1h-1、18h-1、30h-1 和 60h-1 的每个位点碱基质量中位值(红线)及均值(蓝线)均在 Q28 以上,以上结果表明所有样品文库碱基质量良好,测序准确度高,可用于后续分析。

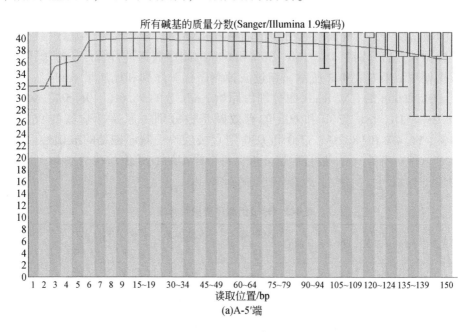

(a)A-5′端

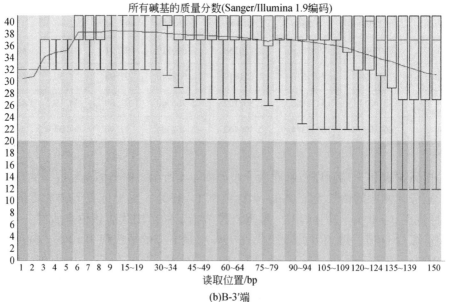

(b)B-3′端

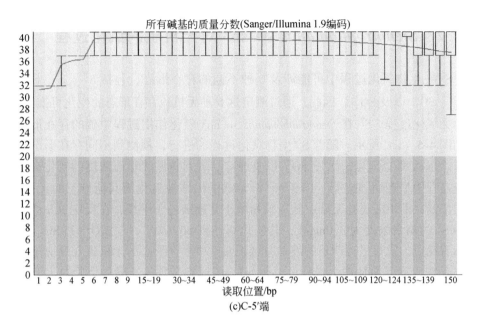

(c)C-5′端

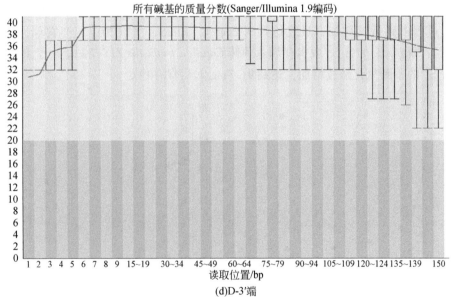

(d)D-3′端

图 4-4　样品 5′端和 3′端测序碱基质量分布

4.2.2　*Stenotrophomonas* sp. sp3 对无机硫的氧化过程

S^{2-} 在生物氧化过程中可能涉及 6 种不同的存在形态，包括 S^{2-}、S^0、$S_2O_3^{2-}$、$S_4O_6^{2-}$、SO_3^{2-} 以及 SO_4^{2-}。因此，通过测定这 6 种无机硫存在形态的变化可推测 S^{2-} 的生物氧化过程。S^{2-} 在 *Stenotrophomonas* sp. sp3 氧化作用过程中硫的存在形态变化如图 4-5（a）所示。随着 S^{2-} 生物氧化过程的进行，检测到不同存在形态的无机硫，包括 S^{2-}、S^0、$S_2O_3^{2-}$、SO_3^{2-} 以及 SO_4^{2-}，并且这些无机硫浓度的变化在整个反应过程中呈现明显差异。由于 S^{2-} 作为电子供体被氧化为其他价态的无机硫，它的浓度在前 10h 迅速下降；随后缓慢减小并逐渐趋于平缓，在反应 30h 后，水样中 S^{2-} 的剩余浓度为 3.0mg/L，其氧化率达到 86.1%。S^0、$S_2O_3^{2-}$ 和 SO_3^{2-} 的浓度随着反应的进行呈现明显的波动，这说明这些存在形态的无机硫在反应过程中同时存在生成与消耗两个过程。S^0 和 SO_3^{2-} 浓度均呈现先上升后下降再上升的变化趋势，它们的浓度分别于 18h 和 45h 达到最大值，这可能与前 18h 内 S^{2-} 的氧化消耗有关。$S_2O_3^{2-}$ 的浓度呈现先上升后下降并逐渐趋于平稳的变化趋势，它的浓度在第 8h 取得最大值，为 11.2mg/L。与 S^{2-} 的浓度变化相反，SO_4^{2-} 的浓度在反应过程中则持续增加，最终达到 9.2mg/L。Zhuang 等（2017）亦发现，初始浓度为 200mg/L 的含 S^{2-} 废水在加入菌株 *Candida tropicalis* ZJY-7 后，SO_4^{2-} 的浓度随着 S^{2-} 的不断氧化持续增加，达到 91.8mg/L 后保存稳定。

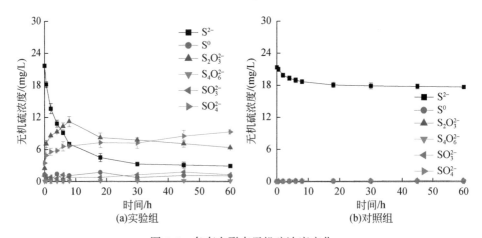

图 4-5　各存在形态无机硫浓度变化

上述结果表明，菌株 sp3 对 S^{2-} 的氧化过程是将非稳定态的 S^{2-} 逐步转化为稳定态 SO_4^{2-} 的过程，其中伴随着一系列中间存在形态无机硫的产生，这些无机硫

最终部分转化为 SO_4^{2-}。需要说明的是，在整个反应中并未检测到 $S_4O_6^{2-}$。此外，在未添加 *Stenotrophomonas* sp. sp3 的对照组中，S^{2-} 的浓度呈现略微下降的趋势，并检测到极低浓度的 $S_2O_3^{2-}$ 和 SO_4^{2-} 产生，如图 4-5（b）所示。其他存在形态的无机硫在反应过程中并未检测到。可以得出，*Stenotrophomonas* sp. sp3 的添加可明显促进 S^{2-} 的生物氧化。为了进一步探讨 *Stenotrophomonas* sp. sp3 在 S^{2-} 氧化体系中的主要代谢途径，对 S^{2-} 氧化体系中不同时间段的 *Stenotrophomonas* sp. sp3 进行了高通量转录组测序研究。

4.2.3 差异表达基因分析

4.2.3.1 样本间相关性分析

利用原始 reads 数目，将 4 个样本间差异基因的表达量进行相关性检验。由相关性热图（图 4-6）可见 4 个时间点两次重复的相关性较强，任一样品的两个生物学重复间的皮尔森（Pearson）相关系数均在 0.9 以上，不同时间点的差异基因的表达量表现出较大差异，样本 1h 和 18h 的 Pearson 的相关性只有 0.2 左右，样本 30h 和 60h 的差异基因的表达量趋于相同，且大部分组内相关系数均大于或者等于组间的相关系数值（图 4-6）。此结果表明，测序数据的生物学重复性较好。

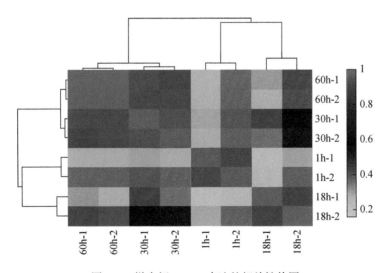

图 4-6 样本间 mRNA 表达的相关性热图

4.2.3.2 基因表达差异分析

样品 1h、18h、30h 和 60h 的转录组分析中共得到了 4733 个蛋白质编码基因。其中，共有 2543 个表达量显著差异的基因。样本 1h 和 18h 间分别有 751 个显著上调基因，745 个显著下调基因 [图 4-7（a）]；样本 18h 和 30h 间分别有 820 个显著上调基因，784 个显著下调基因 [图 4-7（b）]；样本 30h 和 60h 间分别有 44 个显著上调基因，188 个显著下调基因 [图 4-7（c）]。

此外，如图 4-8 所示，1~18h 共有 1496 个基因显著差异性表达，18~30h 共有 1604 个基因显著差异性表达，30~60h 共有 232 个基因显著差异性表达。其中，72 个基因的表达量在硫氧化的 4 个时间点都呈现较明显的差异。

4.2.3.3 GO 富集分析

为了进一步研究寡养单胞菌对硫氧化代谢途径的调控作用，进而对 4 个样本间（1~18h、18~30h、30~60h）显著差异表达基因进行 GO 功能注释分析。所有差异表达基因通过 GO 功能富集分析被分为 3 个功能分类：细胞组分（cellular component，CC）、分子功能（molecular function，MF）和参与的生物过程（biological process，BP）。在细胞组分中功能中基因主要参与细胞器、细胞质、细胞膜、核糖体等的构成，在调控分子功能的基因中参与编码、结合氧化还原功能蛋白的基因较多，而参与生物过程调控转运、氧化还原、代谢等的基因较多。

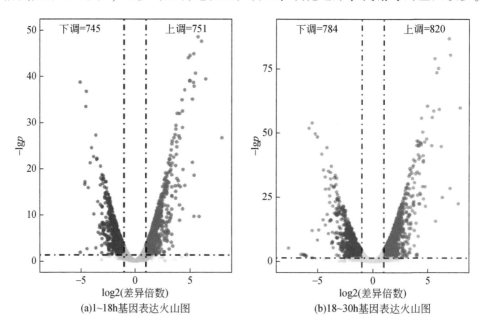

(a)1~18h基因表达火山图   (b)18~30h基因表达火山图

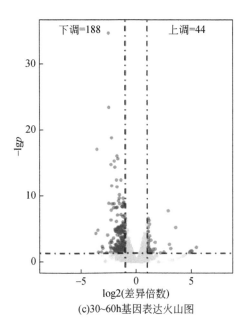

(c)30~60h基因表达火山图

图 4-7 基因差异表达分析

有显著性差异表达的基因用红色点（上调）和蓝色点（下调）表示，灰色点表示无显著性差异表达的基因；横坐标代表基因在不同样本中差异表达倍数的对数值；纵坐标代表基因表达量差异变化的统计学显著性校验值，即 FDR（false discovery rate）的−lg

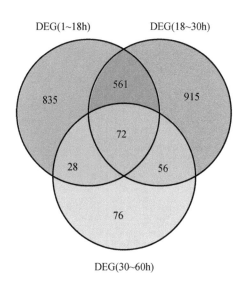

图 4-8 差异基因韦恩图

此外，还有部分差异基因参与了细胞应激反应等过程。

如图 4-9 所示，1～18h 中的差异表达基因富集较多的有质子转运 ATP 合成酶复合物（proton-transporting ATP synthase complex）、氧化还原酶复合体（oxidoreductase complex）；在分子功能方面富集较多的有二硫化物氧化还原酶（disulfide oxidoreductase activity）、NAD/NADO 辅酶活性（oxidoreductase activity, acting on the CH—OH group of donors, NAD or NADP as acceptor）、离子跨膜运动耦合的 ATP 酶活性（ATPase activity, coupled to transmembrane movement of ions, rotational mechanism）；在生物过程方面富集较多的有嘌呤核苷单磷酸生物合成过

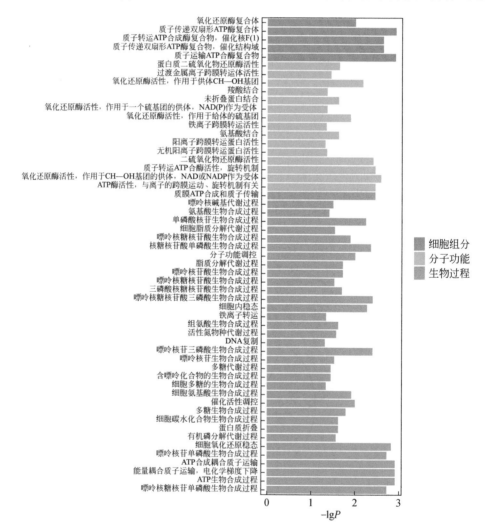

图 4-9　1～18h 差异基因 GO 富集分析图

程（purine nucleoside monophosphate biosynthetic process）、能量耦合质子输运过程（energy coupled proton transport，down electrochemical gradient）、细胞氧化还原稳态（cell redox homeostasis）、ATP 合成（ATP biosynthetic process）。

如图 4-10 所示，18～30h 中的差异表达基因显著富集较多的有核糖体（ribosomal subunit）、细胞器（intracellular organelle part）；在分子功能富集较多的有核糖体的构成（structural constituent of ribosome）、跨膜转运蛋白活性

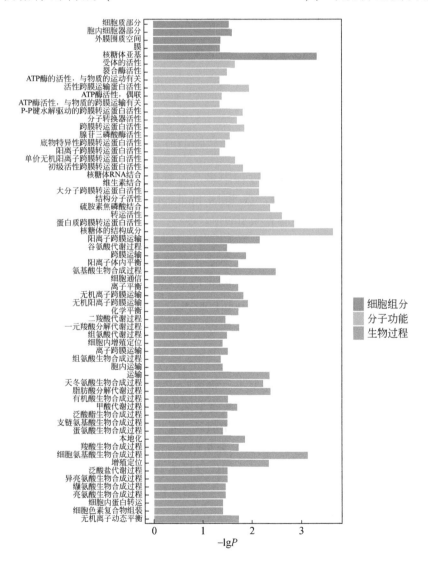

图 4-10　18～30h 差异基因 GO 富集分析图

（protein transmembrane transporter activity）及转运活性（transporter activity）；在生物过程方面富集较多的有细胞氨基酸生物合成过程（cellular amino acid biosynthetic process）、谷氨酸代谢过程（glutamate metabolic process）、无机离子跨膜运输（inorganic ion transmembrane transport）等。

如图 4-11 所示，样本 30h 和 60h 差异基因的表达量趋于相同，30～60h 中的差异表达基因仅主要被注释到生物合成过程，富集较多的为对外部刺激的应激反应（response to external stimulus）。

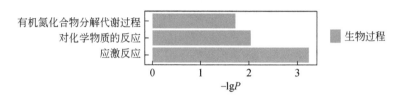

图 4-11　30～60h 差异基因 GO 富集分析图

此外，值得关注的是，生物过程中多个硫氧化相关的基因显著富集，如 *tst* 基因被富集到细胞脂质分解过程（cellular lipid catabolic process），*hdr*A 基因被富集到氧化还原过程（oxidation-reduction process），*sox*X 基因被富集到离子跨膜运动耦合的 ATP 酶活性。

此外，值得关注的是，生物过程中多个硫氧化相关的基因显著富集，如 *tst* 基因被富集到细胞脂质分解过程（cellular lipid catabolic process），*hdr*A 基因被富集到氧化还原过程（oxidation-reduction process），*sox*X 基因被富集到离子跨膜运动耦合的 ATP 酶活性。

4.2.3.4　聚类分析

对差异基因的表达水平进行聚类，将表达模式相同或相近的基因聚集成类，使样本间的相似性和差异性可视化，从而识别未知基因的功能或已知基因的未知功能，因为这些同类的基因可能具有相似的功能，或是共同参与同一代谢通路。本实验中 4733 个差异表达基因的聚类分析结果如图 4-12 所示。红色表示高表达基因，蓝色表示低表达基因。每列分别代表样本 1h、18h、30h 及 60h，每行分别代表一个基因。由图 4-12 可知，随着 S^{2-} 生物氧化反应的进行，差异基因在不同时间点表达水平也是不同的。

从聚类分析中选取呈现差异性表达的硫氧化相关功能基因进行后续分析，如 *sox*C、*sox*B、*cys*IJ 及 *tst* 等。其中，部分硫氧化功能基因同样存在于其他 SOB 中（Yoshimoto and Sato, 1968；Foloppe and Nilsson, 2004；Rohwerder and Sand, 2007），如编码 TST 酶的 *tst* 基因、编码硫氧还蛋白还原酶（thioredoxin reductase）

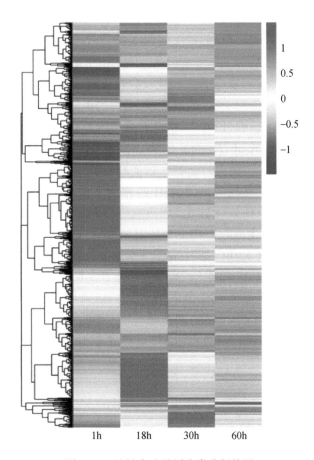

图 4-12 差异表达基因聚类分析热图

的 *trx*B 基因等。此外，还检测出其他一些与硫氧化相关的功能基因（Rother et al.，2001；彭加平等，2011），包括编码 SRN 酶的 *cys*IJ 基因、编码 SO 酶的 *sox* 基因簇、编码电子传递体（cytochrome b561）的 *cyb*B 基因以及编码吡啶核苷酸二硫键氧化还原酶（pyridine nucleotide-disulfide oxidoreductase）的 *hdr*A 基因等。虽然转录组测序结果中未检测出编码 SQR 酶的 *sqr* 基因的表达，但是检测到 *hdr*A 基因显著表达，此基因已被证实同样可以起到编码 SQR 酶的作用（Hedderich et al.，2010；朱薇，2012）。

　　Stenotrophomonas sp. sp3 作用下 S²⁻ 氧化代谢过程中的硫氧化基因表达水平的变化如图 4-13 所示。由图 4-13 可知，硫氧化基因的表达水平在不同时间点皆呈现出显著性差异。在反应的前 18h 中，有 11 种基因的表达水平显著增加，如 *hdr*A 基因、*cys*IJ 基因、编码 TST 酶的 *tst* 基因及编码电子传递体的 *cyb*B 基因等。

*hdr*A 基因可编码 SQR 酶，该酶主要起催化 S^{2-} 转化为 S^0 的作用（Hedderich et al.，2010；朱薇，2012），*cys*IJ 基因通过控制 SRN 酶的合成调控 S^{2-} 到 SO_3^{2-} 的生化反应（Tan et al.，2013；Wang et al.，2016），体系中生成的 S^0 与 SO_3^{2-} 自发反应生成 $S_2O_3^{2-}$，后者在 *tst* 基因作用下发生歧化反应释放出 S^0 与 SO_3^{2-}。在此阶段，大部分硫氧化功能基因主要作用于 S^{2-} 的氧化及 SO_3^{2-} 的生成，体系中 S^{2-} 浓度显著降低，$S_2O_3^{2-}$ 浓度先于 8h 达到最大而后略有下降（图4-5），表明体系中的 S^{2-} 逐渐被氧化为 S^0 和 SO_3^{2-}。S^0 也可直接氧化为 SO_3^{2-}，此反应需通过异二硫化物还原酶（hete-disulfide reductases，HDR）通路，该通路存在于大多数 SOB 中（季家举，2012）。在此通路中，S^0 在硫醇基团 RSH 的作用下被活化为硫烷硫原子 RSSH，接着经异二硫化物还原酶催化转化为 SO_3^{2-}，并重新形成 RSH（Rohwerder and Sand，2003）。RSSH 的生成过程由 *grx* 基因调控（Foloppe and Nilsson，2004），而异二硫化物还原酶由 *hdr*BC 基因编码（季家举，2012）。在 *Stenotrophomonas* sp. sp3 转录组分析中虽然检测到 *grx* 基因表达活性不断提高，且 *grx* 基因为显著上调表达，但是未检测出 *hdr*BC 基因的表达。这表明在菌株 *Stenotrophomonas* sp. sp3 中无 S^0→RSH→RSSH→SO_3^{2-} 的通路。18~30h，有 9 种基因的表达水平显著提高。其中，一部分基因如 *hdr*A 基因，该基因在 30h 表达水平达到最高，

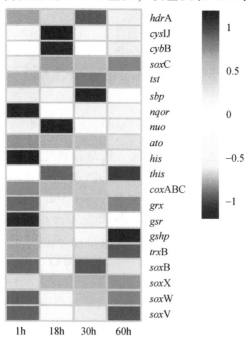

图4-13　硫氧化基因表达水平热图

图 4-5 亦显示 S^{2-} 浓度趋于最低值；另一部分基因如编码钼辅因子的 *soxC* 基因和编码细胞色素的 *soxX* 基因等表达活性显著提高，通过介导 SO 酶的合成调控 SO_4^{2-} 的生成（辛玉峰，2016），图 4-5 亦显示 SO_4^{2-} 浓度逐渐提高。在最后 30h 中，作用于 S^{2-} 氧化的 *hdr*A 基因和 *cys*IJ 基因表达水平显著下降，作用于 SO_4^{2-} 的生成的 *sox* 基因簇表达水平相对较高，图 4-5 同样显示，S^{2-} 浓度处于最低水平，SO_4^{2-} 逐渐累积至 60h 达到最高值。

4.2.4 *Stenotrophomonas* sp. sp3 对 S^{2-} 主要氧化代谢途径

PSO 和 S4I 这两条途径都存在三个阶段的氧化过程，包括 S^{2-} 到 S^0，低价态无机硫到 SO_3^{2-}，SO_4^{2-} 的生成，涉及硫化物醌氧化还原酶（sulfide quinone oxidoreductase，SQR）、亚硫酸盐还原酶（sulfite reductase，SRN）、硫代硫酸盐-硫转移酶（thiosulfate sulfurtransferase，TST）、异二硫化物还原酶（hetero disulfide reductases，HDR）、连四硫酸盐水解酶（tetrathionate hydrolase，TTH）以及亚硫酸盐氧化酶（sulfite oxidase，SO）等关键酶（张宪，2014）。其中，TTH 酶仅存在于 S4I 途径中，起到将 $S_4O_6^{2-}$ 转化为 SO_4^{2-} 的作用。

图 4-5 显示在 *Stenotrophomonas* sp. sp3 的作用下，随着 S^{2-} 生物氧化过程的进行，S^{2-} 被氧化为一系列中间产物 S^0、$S_2O_3^{2-}$、$S_4O_6^{2-}$、SO_3^{2-} 后最终被氧化为 SO_4^{2-}。值得注意的是，实验中未检测出中间产物 $S_4O_6^{2-}$，结合转录组测序分析中未检测到编码连四硫酸盐水解酶 TTH 的 *tet*H 基因的表达，可推断菌株 *Stenotrophomonas* sp. sp3 对 S^{2-} 的氧化仅存在 PSO 途径。同时，由菌株 *Stenotrophomonas* sp. sp3 的转录组测序结果分析得出硫氧化功能基因显著差异表达情况如表 4-3 所示，此结果同 S^{2-} 生物氧化过程结果一致（图 4-5），1~18h 和 18~30h S^{2-} 氧化速度较快，硫氧化功能基因差异性显著，30~60h S^{2-} 浓度降到最低且趋于平缓，硫氧化功能基因的表达无显著差异性。

表 4-3 硫氧化差异基因表达情况

时间	基因	功能注释	$\log_2 FC$	P	显著性	调控情况
1~18h	*cys*IJ	亚硫酸盐还原酶	1.203	0.000219	*	上调
	grx	谷氧还蛋白	1.041	0.000387	*	上调
18~30h	*hdr*A	吡啶核苷酸二硫键氧化还原酶	1.440	0.041233	*	上调
	sbp	硫酸盐转运蛋白	2.517	0.000001	*	上调
	*sox*C	钼辅因子	1.293	0.039718	*	上调

续表

时间	基因	功能注释	$\log_2 FC$	P	显著性	调控情况
18~30h	soxB	硫酯酶	1.739	0.000001	＊	上调
	soxX	细胞色素 c	−1.054	0.000002	＊	下调
	soxW	硫醇二硫化物互换蛋白	1.172	0.000001	＊	上调
	soxV	硫氧还蛋白	1.209	0.000001	＊	上调
	cybB	细胞色素 b561	3.846	0.000001	＊	上调

注：$|\log_2 FC| > 1$，且 $p < 0.05$ 即为显著表达，＊表示显著

综合现有文献报道与转录组分析结果中硫氧化代谢相关基因的描述，S^{2-} 在 *Stenotrophomonas* sp. sp3 作用下的主要氧化代谢途径如图 4-14 所示。一部分底物 S^{2-} 作为电子供体被氧化为 S^0，此过程涉及编码 SQR 酶的 *hdr*A 基因（Rother et al., 2001；Chan et al., 2009；Hedderich et al., 2010；朱薇，2012）；另一部分底物 S^{2-} 在编码 SRN 酶的 *cys*IJ 基因调控下直接氧化为 SO_3^{2-}（Tan et al., 2013；Wang et al., 2016）；在氧化过程中生成的 S^0 与 SO_3^{2-} 可自发反应生成 $S_2O_3^{2-}$，而 $S_2O_3^{2-}$ 可在编码 TST 酶的 *tst* 基因调控下发生歧化反应释放出 SO_3^{2-} 和 S^0（张宪，2014），SO_3^{2-} 在介导 SO 酶合成的 *sox* 基因簇调控下进一步氧化生成 SO_4^{2-}（辛玉峰，2016；刘阳等，2018）。

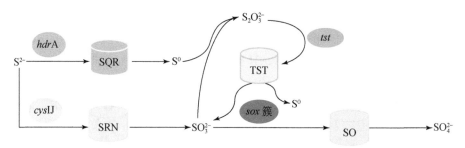

图 4-14　*Stenotrophomonas* sp. sp3 对 S^{2-} 的主要氧化代谢途径

第 5 章 复合微生物对 S²⁻ 的氧化条件优化

5.1 材料与方法

5.1.1 寡养单胞菌及柠檬酸杆菌来源

柠檬酸杆菌 *Citrobacter* sp. sp1 及寡养单胞菌 *Stenotrophomonas* sp. sp3 从北京市典型黑臭水体东沙河采集到的泥水混合物中经过分离、筛选及驯化过程得到并保存。两菌株序列在 NCBI 的 Genbank number 分别为 MH181794 和 MH181796，均属于细菌（Bacteria），变形菌门（Proteobateria），丙型变形菌纲（Gamaproteobacteria），而菌株 sp1 属于肠杆菌目（Enterobacterales），肠杆菌科（Enterobacteriaceae），柠檬酸杆菌属（*Citrobacter*）；菌属 sp3 属于黄单胞菌目（Xan-thomonadales），假单胞菌科（Xanthomonas），寡养单胞菌属（*Stenotrophomonas*）。

5.1.2 含 S²⁻ 人工废水及培养基的配置

含 S²⁻ 人工废水的配制见 3.1.3 节。

实验用培养基参考前人研究成果进行优化后得到（Mittal and Goel, 2010；Hou et al., 2018）。

柠檬酸杆菌培养基：$Na_2S \cdot 9H_2O$ 0.162g/L，氨苄西林 1.00g/L，营养琼脂 20.0g/L，葡萄糖 20.0g/L，蛋白胨 10.0g/L，酵母浸膏粉 5.00g/L。

寡养单胞菌培养基：$Na_2S \cdot 9H_2O$ 0.162g/L，KNO_3 0.100g/L，K_2HPO_4 0.050g/L，NaCl 0.050g/L，$MgSO_4 \cdot 7H_2O$ 0.050g/L，$FeSO_4 \cdot 7H_2O$ 0.002g/L，营养琼脂 20.0g/L，可溶性淀粉 2.00g/L。

富集培养基：葡萄糖 20g/L，胰蛋白胨 10g/L，酵母浸膏粉 10g/L。

所有培养基在使用前需将 pH 调节至 7.0，并将除 $Na_2S \cdot 9H_2O$ 外所有成分在 100MPa，115℃ 的条件下灭菌 30min，$Na_2S \cdot 9H_2O$ 通过 0.22μm 的滤膜过滤灭菌

后，在无菌操作台中添加至已灭菌的培养基或人工含硫废水中。

5.1.3 复合微生物的制备

（1）菌株活化

本实验所用 *Citrobacter* sp. sp1 及 *Stenotrophomonas* sp. sp3 均保存于 $-80℃$ 低温冰箱中，因此使用前需将菌株活化。在无菌条件下，分别使用接种环挑取适量解冻后的 *Citrobacter* sp. sp1 及 *Stenotrophomonas* sp. sp3 于柠檬酸杆菌培养基和寡养单胞菌培养基上，在 $25℃$ 的恒温环境下培养 48h，观察菌株培养情况，选取生长状况良好的平板用于复合微生物的制备。

（2）复合微生物的制备

在无菌条件下，分别使用接种环挑取平板上生长状况良好的单菌落接种至含有 100ml 富集培养基的 250ml 规格的锥形瓶中，在恒温 $25℃$，120r/min 的条件下培养 48h 得到新鲜菌液。将新鲜菌液以 $4℃$、8000r/min 的条件离心菌液 8min，用 0.01mol/L 的无菌 PBS 缓冲液冲洗三次，并重悬至 $OD_{600} = 0.8$（菌液浓度为 $1.0×10^8$ cells/ml），即得 *Citrobacter* sp. sp1 及 *Stenotrophomonas* sp. sp3 的单菌种子液。

使用复合微生物于实验中时，按照体积比 5% 的接种量分别将单菌种子液接种至灭菌后的液体培养基中，并在恒温 $25℃$，转速 120r/min 的条件下培养 48h 后，以 $4℃$、8000r/min 的离心条件离心菌液 8min，用 0.01mol/L 的无菌 PBS 缓冲液冲洗三次，并重悬至 $OD_{600} = 0.8$（菌液浓度为 $1.0×10^8$ cells/ml），将重悬后的单菌液按照体积比 $1:1$ 的比例复配，即得复合微生物（菌液浓度为 $1.0×10^8$ cells/ml）。

5.1.4 复合微生物生长及硫氧化条件优化

（1）复配比例对复合微生物生长及 S^{2-} 氧化率的影响

按照不同的体积比复配复合微生物，设置 *Citrobacter* sp. sp1 和 *Stenotrophomonas* sp. sp3 的复配比例为 $1:1$、$1:2$、$1:3$、$2:1$、$3:1$。在装有 200ml 人工含硫废水的 500ml 锥形瓶中按照体积比 5% 的接种量接入不同复配比例的复合微生物，并另外设置两组接入 *Citrobacter* sp. sp1 和 *Stenotrophomonas* sp. sp3 单菌株的对照组，在恒温 $25℃$，转速 120r/min 的条件下进行生化反应 48h。测定水样中剩余 S^{2-} 浓度及细菌生长量值 OD_{600}，绘制复配比例–生长量及 S^{2-} 浓度曲线图。

（2）温度对复合微生物生长及 S^{2-} 氧化率的影响

在装有 200ml 人工含硫废水的 500ml 锥形瓶中按照体积比 5% 的接种量接入复合微生物，分别在恒温 10℃、15℃、20℃、25℃、30℃ 及 35℃，转速 120r/min 的条件下进行生化反应 48h。测定水样中剩余 S^{2-} 浓度及细菌生长量值 OD_{600}，绘制温度–生长量及 S^{2-} 氧化率曲线图。

（3）初始 pH 对复合微生物生长及 S^{2-} 氧化率的影响

在 500ml 锥形瓶中分别装入 200ml 用 1mol/L HCl 溶液或 1mol/L NaOH 溶液调节初始 pH 至 4.0、5.0、6.0、7.0 及 8.0 的人工含硫废水，按照体积比 5% 的接种量接入复合微生物，并在恒温 5℃，转速 120r/min 的条件下进行生化反应 48h，测定水样中剩余 S^{2-} 浓度及细菌生长量值 OD_{600}，绘制初始 pH–生长量及 S^{2-} 氧化率曲线图。

（4）初始葡萄糖浓度对复合微生物生长及 S^{2-} 氧化率的影响

在 500ml 锥形瓶中分别装入 200ml 人工含硫废水，并分别调节葡萄糖浓度为 0.5g/L、1.0g/L、2.5g/L、5.0g/L 及 10g/L，按照体积比 5% 的接种量接入复合微生物，并在恒温 5℃，转速 120r/min 的条件下进行生化反应 48h。测定水样中剩余 S^{2-} 浓度及细菌生长量值 OD_{600}，绘制环境初始葡萄糖浓度–生长量及 S^{2-} 氧化率曲线图。

（5）初始菌浓度对复合微生物生长及 S^{2-} 氧化率的影响

在装有 200ml 人工含硫废水的 500ml 锥形瓶中接入复合硫氧化微生物，并使初始菌浓度分别为 2.5×10^4 cells/ml、2.5×10^5 cells/ml、2.5×10^6 cells/ml、1.25×10^7 cells/ml 及 2.5×10^7 cells/ml。在恒温 25℃，转速 120r/min 的条件下进行生化反应 48h。测定水样中剩余 S^{2-} 浓度及细菌生长量值 OD_{600}，绘制初始菌浓度–生长量及 S^{2-} 氧化率曲线图。

（6）复合微生物生长及 S^{2-} 氧化曲线

在最适宜复合微生物生长及 S^{2-} 氧化的条件下，接种复合微生物至人工含硫废水中，并在转速 120r/min 的条件下进行生化反应 60h，反应中定时测定微生物生长量 OD_{600} 和人工含硫废水中剩余 S^{2-} 离子浓度，绘制时间–生长量及 S^{2-} 浓度曲线图。

5.1.5 分析方法

本章研究主要涉及水样中 S^{2-} 浓度及复合微生物生长量的测定。其中，水样中 S^{2-} 浓度的测定采用亚甲基蓝分光光度法，复合微生物生长量的测定采用细菌计数法，以水样的 OD_{600} 值来表示（Mittal and Goel，2010）。样品采集后应立即测定其微生物生长量，而对于水样中的 S^{2-}，应在采样后立即添加足量固定剂密封冷冻保存。

5.2 结果与讨论

5.2.1 复配比例对复合微生物生长及 S^{2-} 氧化率的影响

复配比例对复合微生物进行代谢活动具有一定影响。前人研究表明，当复合微生物之间的代谢功能存在冲突时，组成复合微生物的各单菌之间可能会产生拮抗效应，从而导致复合微生物的代谢功能出现下降（曲萌，2019）。调整各单菌之间的复配比例可以有效消除这些影响。

不同复配条件下复合微生物、菌株 sp1 及菌株 sp3 对人工含硫废水中 S^{2-} 的氧化率及微生物生长量如图 5-1 所示。相比于纯菌，复合微生物对人工含硫废水中 S^{2-} 的氧化率均有提升。菌株 sp1 与 sp3 对人工含硫废水中 S^{2-} 的氧化率分别为 57.3% 和 60.0%；复合微生物对人工含硫废水中 S^{2-} 的氧化率则为 62.2%～92.5%。复配比例对复合微生物对 S^{2-} 的氧化率影响较大，当菌株 sp1∶sp3 达到 1∶1 时，复合微生物对 S^{2-} 的氧化率达到最高值，即 92.5%。复配比例对复合微生物生长量的影响与复合微生物对人工含硫废水中 S^{2-} 的氧化率的影响相似，当菌株 sp1∶sp3 达到 1∶1 时，达到最高值 0.8。以上结果说明 1∶1 为复合微生物的最适宜复配比。

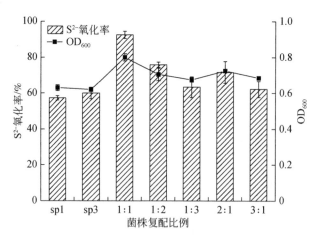

图 5-1 复配比例对复合微生物生长及 S^{2-} 氧化率的影响

5.2.2 温度对复合微生物生长及 S²⁻ 氧化率的影响

温度对微生物的物质代谢活动具有显著影响（Laufer et al., 2017）。微生物代谢过程中产生的功能酶具有不同的最适宜温度，当温度低于或高于最适温度时，相应酶的活性减弱，其调控的代谢途径活性也因此相应降低，当环境温度过高时，甚至有可能造成微生物细胞破裂死亡。同时，温度亦是自然条件下导致季节性水体黑臭的条件之一（Gao et al., 2014）。

温度对复合微生物生长及 S²⁻ 氧化率的影响如图 5-2 所示，随着温度的升高，复合微生物对 S²⁻ 的氧化率先上升后下降。当温度为 10℃ 时，复合微生物对人工含硫废水中 S²⁻ 的氧化率仅为 15.2%，随着温度的升高，复合微生物对人工含硫废水中 S²⁻ 的氧化率亦逐渐升高，当温度为 25℃ 时，复合微生物对人工含硫废水中 S²⁻ 的氧化率达到最高值 92.5%。然而，当温度继续升高时，复合微生物对人工含硫废水中 S²⁻ 的氧化率开始下降。当温度升高至 35℃ 时，S²⁻ 氧化率仅为 75.6%。温度对复合微生物生长量的影响与复合微生物对人工含硫废水中 S²⁻ 的氧化率的影响相似，先上升后下降，当环境温度为 25℃ 时，微生物生长量最高，为 0.8。以上结果说明，25℃ 为复合微生物生长及发挥硫氧化功能的最适宜温度。

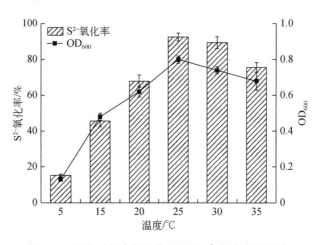

图 5-2　温度对复合微生物生长及 S²⁻ 氧化率的影响

5.2.3 初始 pH 对复合微生物生长及 S²⁻ 氧化率的影响

初始 pH 是影响微生物发挥代谢功能的重要影响因素之一，当初始 pH 过高或过低时，微生物的细胞膜平衡将会失衡，同时，微生物产生的各代谢酶功能亦会受到影响，进而影响微生物的生长及相应代谢功能的发挥（Sorokin et al.，2003）。

初始 pH 对复合微生物生长及 S^{2-} 氧化率的影响如图 5-3 所示。随着初始 pH 的升高，复合微生物对 S^{2-} 的氧化率先迅速增加，随后下降。当初始 pH 为 4 时，复合微生物对人工含硫废水中 S^{2-} 的氧化率仅为 22.1%，当初始 pH 升高至 7 时，复合微生物对人工含硫废水中 S^{2-} 的氧化率提升至最高值 92.3%。当初始 pH 继续升高至 8 时，复合微生物对人工含硫废水中 S^{2-} 的氧化率下降至 76.9%。初始 pH 对微生物生长量的影响与复合微生物对人工含硫废水中 S^{2-} 的氧化率的影响相似，当初始 pH 为 7 时，微生物生长量最高，为 0.8，当初始 pH 低于 6 或大于 7 时，复合微生物生长量均较低。由此可见复合微生物生长及氧化 S^{2-} 的最适 pH 为 7，当初始 pH 为强酸性或碱性时，对复合微生物的生长及 S^{2-} 氧化较为不利。

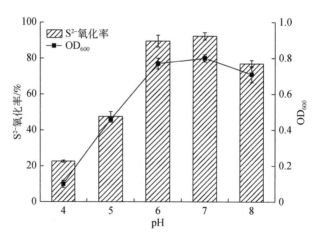

图 5-3　初始 pH 对复合微生物生长及 S^{2-} 氧化率的影响

5.2.4　初始葡萄糖浓度对复合微生物生长及 S^{2-} 氧化率的影响

碳源是微生物生长过程中不可或缺的重要营养元素之一，适当提高环境中的碳源浓度可以有效提升微生物的生长及代谢功能的发挥，然而，过高的碳源浓度亦可能对微生物的酶活动产生限制，导致微生物的代谢功能难以发挥（Pradhan and Rai，2000；Wang et al.，2013；Carkaci et al.，2016）。本研究中，以葡萄糖作为微生物生长的碳源，因此，通过调节人工含硫废水中的初始葡萄糖浓度可以考察碳源浓度对复合微生物生长及 S^{2-} 氧化率的影响。

初始葡萄糖浓度对复合微生物生长及 S^{2-} 氧化率的影响如图 5-4 所示，随着初始葡萄糖浓度的升高，复合微生物对人工废水中 S^{2-} 的氧化率先大幅增加随后大幅下降。当初始葡萄糖浓度为 0.1g/L 时，复合微生物对人工含硫废水中 S^{2-} 的氧化率仅为 21.6%，然而，当初始葡萄糖浓度提升至 2.5g/L 时，复合微生物对人工含硫废水中 S^{2-} 的氧化率达到最高值 92.0%。当初始葡萄糖浓度继续提升至 10g/L 后，复合微生物对人工含硫废水中 S^{2-} 的氧化率大幅降低至 43.3%。初始葡萄糖浓度对复合微生物生长量的影响与复合微生物对人工含硫废水中 S^{2-} 的氧化率的影响相似，随着初始葡萄糖浓度的升高，复合微生物的生长量呈现先上升后下降的趋势，当初始葡萄糖浓度为 2.5g/L 时，复合微生物的生长量最高，为 0.82。以上结果显示，适当增加人工含硫废水中的初始葡萄糖浓度可以有效提升复合微生物对人工含硫废水中 S^{2-} 的氧化率，但是过高的葡萄糖会起到反作用。

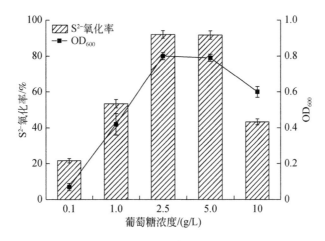

图 5-4　初始葡萄糖浓度对复合微生物生长及 S^{2-} 氧化率的影响

5.2.5　初始菌浓度对复合微生物生长及 S^{2-} 氧化率的影响

初始菌浓度是微生物生长及发挥代谢功能的重要影响因素之一（Pradhan and Rai，2000）。初始菌浓度过低，微生物可能还未能适应新环境即失去活性；初始菌浓度过高，则环境中的营养物质可能出现不足。

初始菌浓度对复合微生物生长及 S^{2-} 氧化率的影响如图 5-5 所示。随着初始菌浓度的增加，复合微生物对人工含硫废水中 S^{2-} 的氧化率呈现先显著增加后保持不变的趋势。当初始菌浓度为 2.5×10^4 cells/ml 时，复合微生物对人工含硫废水中 S^{2-} 的氧化率仅为 11.1%；当初始菌浓度为 2.5×10^6 cells/ml 时，复合微生物

对人工含硫废水中 S^{2-} 的氧化率达到最高值 92.2%；继续增加初始菌浓度至 1.25 $\times10^7$ cells/ml 及 2.5×10^7 cells/ml 时，复合微生物对人工含硫废水中 S^{2-} 的氧化率变化不大，但仍高于 90.0%。初始菌浓度对复合微生物生长的影响与其对复合微生物 S^{2-} 氧化功能的影响不同，随着初始菌浓度的增加，复合微生物的生长量逐渐升高。以上结果显示，适当提升初始菌浓度可以强化复合微生物对人工含硫废水中 S^{2-} 的氧化率，但过高的初始菌浓度对复合微生物生长和人工含硫废水中 S^{2-} 的氧化率影响较小。

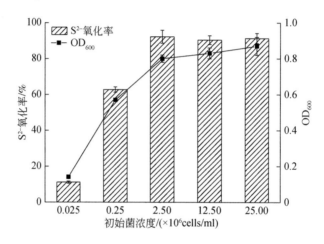

图 5-5　初始菌浓度对复合微生物生长及 S^{2-} 氧化率的影响

5.2.6　复合微生物在人工含硫废水中的生长曲线及 S^{2-} 氧化曲线

复合微生物生长及硫氧化条件优化实验显示，当 *Citrobacter* sp. sp1 和 *Stenotrophomonas* sp. sp3 的例为 1∶1，反应温度为 25℃，初始 pH 为 7，初始葡萄糖浓度为 2.5g/L，初始菌浓度为 2.5×10^6 cells/ml 时，最适合复合微生物生长及氧化 S^{2-}。在最适条件下人工含硫废水中复合微生物进行生化反应 72h 得到的复合微生物在含硫人工废水中的生长曲线及 S^{2-} 氧化曲线如图 5-6 所示。在反应的前 12h，复合微生物的生长量增长缓慢，复合微生物处于生长的延滞期。从反应的第 18h 开始，复合微生物的生长量大幅增长，并在第 42h 达到最高值 0.8。然而，从反应的第 36h 开始，复合微生物的生长量即处于基本稳定状态，并持续至反应的第 60h。因此，反应的第 18~36h 为复合微生物生长的对数生长期，而反应的第 36~60h 为复合微生物生长的稳定期。从反应的第 60h 开始，复合微生物的生长量逐步下降，复合微生物进入生长的衰亡期。反应过程中，S^{2-} 浓度随时间增长持续下降。然而，从反应的第 30h 开始，S^{2-} 浓度的降低速度开始减缓，并在反应的第 60h 达到最低值，即 1.63mg/L，此时复合微生物对人工含硫废水中 S^{2-} 的氧化率为 91.9%。从第 60h 开始，反应体系内 S^{2-} 浓度不再大幅变化。以上结果说明，复合微生物氧化 S^{2-} 的主要时间为生化反应的前 30h，即复合微生物生长的延滞期及生长期。

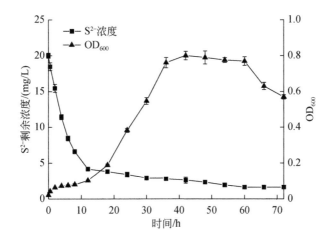

图 5-6　复合微生物的生长曲线和 S^{2-} 氧化曲线

第 6 章 复合微生物对 S^{2-} 的生物氧化过程及其群落结构

6.1 材料与方法

6.1.1 含硫人工废水配置

含硫人工废水的配制参照 3.1.3 节所述方法。

6.1.2 复合微生物制备

复合微生物来源及制备方案参照 5.1.1 节及 5.1.3 节所述方法。

6.1.3 复合微生物对 S^{2-} 的生物氧化过程

将复合微生物按照体积比 5% 的接种量接入装有灭菌后含硫人工废水的锥形瓶中，在 25℃ 的恒温震荡培养箱中，以 120r/min 的转速进行生物氧化反应 60h，并将未接入任何微生物的完全相同且装有人工含硫废水的锥形瓶作为对照组。反应过程中对实验组与对照组均定时取样，测定其中各形态无机硫离子 S^{2-}、S^0、$S_2O_3^{2-}$、$S_4O_6^{2-}$、SO_3^{2-} 和 SO_4^{2-} 的浓度及微生物的生长量 OD_{600}，并绘制复合微生物对无机硫离子氧化过程中各离子的浓度变化曲线。从曲线中选取各离子浓度出现大幅变化或复合微生物生长的时间节点（1h，18h，30h，60h），提取水样中的菌体，进行扩增子测序，研究反应过程中复合微生物群落变化对 S^{2-} 氧化功能的影响。

提取菌体按如下步骤进行。

1）在无菌环境下，将适量菌液倒入 50ml 的无菌离心管中。

2）以 4℃、8000r/min 的离心条件离心菌液 8min，用 0.01mol/L 的无菌 PBS 缓冲液冲洗三次。在无菌条件下尽可能吸去离心管中残留的液体。

3）将装有菌体的无菌离心管在液氮中迅速冷冻，并保存于−80℃冰箱中。

6.1.4 群落多样性分析

（1）DNA 提取、建库及测序

本章研究的微生物样品扩增子测序委托武汉贝纳科技服务有限公司完成，采用德国 QIAGEN 公司的 QIAGEN genomic-tip 重力流阴离子交换柱提取菌体样本中的 DNA。

完成样本总 DNA 提取后，观察样品性状，并通过微量紫外分光光度计（NanaDrop，美国 Thermo Fisher）测定分别测定样品的浓度、$OD_{260/280}$ 及 $OD_{230/260}$ 以测定样品 DNA 纯度；通过微型荧光计（Qubit，美国 Thermo Fisher）测定样品体积、浓度并计算样品 DNA 总量。

提取样品总 DNA 后，根据 16S 全长区域引物序列合成带有 Barcode 的引物 27F_（16S-F）和 1492R_（16S-R）进行 PCR 扩增并对产物进行纯化、定量和均一化形成测序文库（SMRT Bell），并通过 1.8% 琼脂糖凝胶电泳检测样品 DNA 完整性。

27F_（16S-F）：AGRGTTTGATYNTGGCTCAG

1492R_（16S-R）：TASGGHTACCTTGTTASGACTT

PCR 反应条件：95℃预变性 2min，25 个循环（98℃变性 10s，55℃退火 30s，72℃延伸 90s），72℃修复延伸 2min。

建好的文库先进行文库质检，质检合格的文库用 PacBio Sequel 进行测序。PacBio Sequel 测序所得数据为 bam 格式，使用 smrtlink 分析软件将其导出为 CCS 文件，最后根据 Barcode 序列识别不同样品的数据并转化为 fastq 格式数据。

（2）数据质控与预处理

将 PacBio 下机数据导出为 CCS 文件（CCS 序列使用 Pacbio 提供的 smrtlink 工具获取）后，通过如下步骤进行数据预处理：

1）CCS 识别：使用 Lima v1.7.0 软件，通过 barcode 对 CCS 进行识别，得到 Raw-CCS 序列数据。

2）CCS 过滤：Raw-CCS 序列数据中含有某些低质量序列及引物序列，因此需使用 Cutadapt 1.9.1 软件进行引物序列的识别与去除并且进行长度过滤，得到不包含引物序列的 Clean-CCS 序列。

3）去除嵌合体：在 PCR 反应中，在延伸阶段，由于不完全延伸，会导致两条或多条模板链组成一个序列，即嵌合体序列的出现，因此需使用 UCHIME v4.2 软件鉴定并去除嵌合体序列，得到 Effective-CCS 序列。

（3）群落样品多样性分析

将经过预处理得到的 Effective CCS 序列进行去噪及聚类，并划分为 OTUs

（operational taxonomic unit），根据 OTUs 的序列组成得到其物种分类。基于特征分析结果，对样品在各个分类水平上进行分类学分析，获得各样品在门、纲、目、科、属、种分类学水平上的群落结构图。

6.1.5　柠檬酸杆菌生长曲线的测定

将柠檬酸杆菌按照体积比 5% 的接种量接入装有灭菌后含硫人工废水的锥形瓶中，在 25℃ 的恒温震荡培养箱中，以 120r/min 的转速进行生物氧化反应 60h，定时取样测定微生物的生长量 OD_{600}。

6.1.6　不同形态硫离子的分析

水样中测试项目包括 S^{2-}、S^0、SO_3^{2-}、SO_4^{2-}、$S_2O_3^{2-}$ 和 $S_4O_6^{2-}$ 的质量浓度。采用分光光度法测定 S^{2-} 和 S^0 的质量浓度，采用离子色谱仪（CIC-D120，青岛盛翰）测定 SO_3^{2-}、$S_2O_3^{2-}$ 和 SO_4^{2-} 的质量浓度，采用高效液相色谱法（LC-10AD，岛津液相）测定 $S_4O_6^{2-}$ 的质量浓度。

6.2　结果与讨论

6.2.1　S^{2-} 的生物氧化过程分析

在复合微生物对人工含硫废水中 S^{2-} 的氧化过程中，可能会产生 4 种不同形态的中间态无机硫离子，包括 S^0、$S_2O_3^{2-}$、$S_4O_6^{2-}$ 以及 SO_3^{2-}，而生物氧化过程可以产生的最高价态无机硫离子为 SO_4^{2-} 离子。对生物氧化过程中出现的 S^{2-}、S^0、$S_2O_3^{2-}$、$S_4O_6^{2-}$、SO_3^{2-} 以及 SO_4^{2-} 这 6 种硫离子的浓度变化进行分析有助于预测复合微生物作用下 S^{2-} 的代谢过程。如图 6-1（a）所示，在整个反应过程中，各形态的无机硫离子均被检出，同时在整个反应过程汇总各离子浓度出现明显变化。S^{2-} 是反应体系中的总电子供体，在生化反应过程中，S^{2-} 浓度持续下降。在反应的前 8h，S^{2-} 浓度下降速度较快；从反应的第 8h 开始，S^{2-} 浓度的下降速度减缓，并在第 60h 时达到最低值，即 1.63mg/L。此时，S^{2-} 离子氧化率为 91.85%。反应过程中 S^0 及 $S_2O_3^{2-}$ 的浓度均先升高再下降又升高，表明这两种离子在反应过程中处于动态的生成与消耗状态。其中，S^0 浓度在反应的第 4h 达到最高值 3.65mg/L；$S_2O_3^{2-}$ 浓度在反应的第 30h 达到最高值 1.73mg/L。SO_3^{2-} 浓度在生化反应过程中上

section

下波动，变化范围较小，在第 4h 达到最高值 1.57mg/L；在第 30h 达到最低值 0.77mg/L。这表明 SO_3^{2-} 在生化反应过程中更可能作为反应的中间体，起到连接其余价态硫离子的作用。$S_4O_6^{2-}$ 浓度在反应过程中先升高后下降，在反应的第 30h，$S_4O_6^{2-}$ 浓度达到最高值 25.85mg/L。这表明在生化反应的前期，$S_4O_6^{2-}$ 以积累为主，在生化反应的后期，$S_4O_6^{2-}$ 以消耗为主。SO_4^{2-} 是反应体系中最高价态的无机硫离子，也是低价态无机硫离子氧化的最终产物，在整个生物氧化过程中 SO_4^{2-} 浓度持续升高，并在反应的第 60h 达到最高值 16.85mg/L。然而，如图 6-1（b）所示，在未添加复合微生物的对照组中，S^{2-} 浓度下降幅度极小，在反应的第 60h 浓度仍高达 17.7mg/L。同时，其余形态的无机硫离子浓度均低于 0.05mg/L。

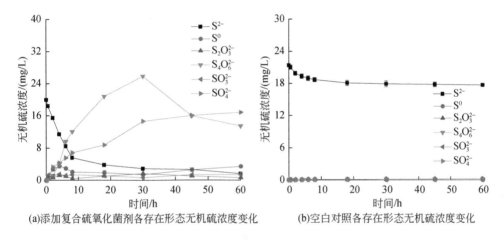

(a)添加复合硫氧化菌剂各存在形态无机硫浓度变化　　(b)空白对照各存在形态无机硫浓度变化

图 6-1　各存在形态无机硫浓度变化

以上结果说明，复合微生物对人工含硫废水中的 S^{2-} 氧化具有明显的促进作用，同时，由于复合微生物的参与，S^{2-} 氧化过程中产生了一系列不同形态的中间态无机硫离子，并最终转化为 SO_4^{2-}。因此，可以推测复合微生物具有涉及不同形态无机硫离子的代谢途径，并通过这些途径将 S^{2-} 氧化为 SO_4^{2-}。为了分析复合微生物体系对人工含硫废水中的 S^{2-} 氧化过程中的主导菌株，对反应过程反应体系中的菌群结构进行分析，以期探讨各时间段发挥氧化功能的主要微生物。

6.2.2　测序数据分析

（1）DNA 的提取与质检

分别于复合微生物进行生化反应的第 1h、18h、30h、60h 提取生物菌体，并提取各时间段样品的 DNA 用于扩增子测序分析。提取的 DNA 样品质量是影响后续测序分析的重要影响因素，因此需要对提取 DNA 样品的质量进行检测。基本质控参数中，OD_{260}/OD_{280} 和 OD_{260}/OD_{230} 代表着 DNA 样品的纯度，其中，OD_{280} 代表样品中蛋白质及酚类物质的最高吸收峰的吸收波长；OD_{260} 代表样品中核酸的最高吸收峰的吸收波长；OD_{230} 代表样品中碳水化合物的最高吸收峰的吸收波长（Wang et al.，2013），当样品的 $OD_{260}/OD_{280} \geqslant 2$，且 $OD_{260}/OD_{230} \geqslant 1.5$ 时，表明样品 DNA 纯度较高，复合微生物的 DNA 基本质控参数如表 6-1 所示，各样品的 OD_{260}/OD_{280} 值均大于 2；OD_{260}/OD_{230} 值均大于 1.5 表明样品纯度较高，适用于后续实验。

表 6-1　样品总 DNA 质量检测结果

样品	RNA 浓度/(ng/μl)	体积/μl	总量/μg	OD_{260}/OD_{280}	OD_{260}/OD_{230}
1h	22.5	100.0	2.2	2.06	1.78
18h	6.4	100.0	0.6	2.09	1.60
30h	17.2	100.0	1.7	2.05	1.90
60h	8.8	100.0	0.9	2.00	1.81

对各样品 PCR 扩增产物的 1.8% 琼脂糖凝胶电泳检测结果如图 6-2 所示，采用 250bp DNA Ladder Marker 作为对照，结果显示样品条带所处位置正确，清晰且明亮，表明样品完整未降解，浓度合适。

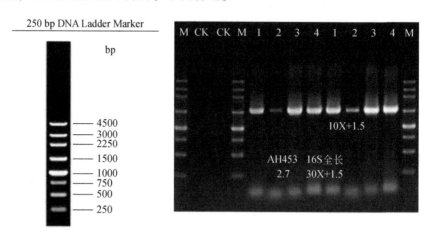

图 6-2　复合微生物 DNA 扩增产物 1.8% 琼脂糖凝胶电泳图

1-4：DNA 扩增产物样品；M：Marker

（2）DNA 测序数据质量评估

对 DNA 扩增子测序所得 CCS 数据进行统计，所得统计结果包括 raw CCS 数、

clean CCS 数、有效 CCS 数、平均长度和有效比，如表6-2所示。

表6-2　复合微生物扩增子测序质量统计

样品	raw CCS 数	clean CCS 数	有效 CCS 数	平均长度/bq	有效比/%
1h	5703	5358	5214	1465	91.43
18h	4358	4173	4078	1463	93.56
30h	7483	7027	6636	1464	88.68
60h	7492	6979	6780	1466	91.70

6.2.3　菌群结构分析

图6-1显示，在复合微生物对 S^{2-} 的生物氧化过程中，反应的第18h与第30h各形态无机硫离子的浓度变化较大，故选择反应的开始阶段与结束阶段，即反应的第1h和第60h，与反应的第18h和第30h进行微生物菌群结构分析。如图6-3所示，A1、A2、A3、A4分别代表反映的第1h、18h、30h和60h的微生物样品，在生物反应的关键时间点，*Citrobacter* sp. sp1 的相对丰度均高于 *Stenotrophomonas* sp. sp3，在反应进行的第30h，*Citrobacter* sp. sp1 的相对丰度达到最高值94%，在反应进行的第1h，*Stenotrophomonas* sp. sp3 的相对丰度达到最高值35%。以上结果表明，复合微生物中占据相对主导地位的菌株为 *Citrobacter* sp. sp1，这表明在复合微生物对 S^{2-} 的氧化过程中，*Citrobacter* sp. sp1 为主导菌株，*Stenotrophomonas* sp. sp3 为次要菌株。

6.2.4　复合微生物及 *Citrobacter* sp. sp1 的生长曲线比较

复合微生物及 *Citrobacter* sp. sp1 在人工含硫废水中的生长曲线如图6-4所示。在反应的前12h，复合微生物的 CFU（colony forming unit，菌落形成单位）值缓慢升高。从反应的第18h开始，复合微生物的 CFU 值显著升高，从反应的第36h开始，复合硫氧化微生物的 CFU 值即处于基本稳定状态，其最高值为 8.0×10^7 cells/ml。从反应的第60h开始，复合微生物的 CFU 值开始迅速下降。*Citrobacter* sp. sp1 的生长曲线与复合微生物相似，在反应的前12h，*Citrobacter* sp. sp1 的 CFU 值缓慢升高，从反应的第18h开始 *Citrobacter* sp. sp1 的 CFU 值显著升高并从反应的第36h开始保持稳定，并最终从反应的第60h开始迅速下降。*Citrobacter* sp. sp1 的 CFU 最高值在反应的第42h取得，为 7.7×10^7 cells/ml。复合微生物与 *Citrobacter* sp. sp1 在人工含硫废水中生长曲线的吻合印证了5.2.3节中复合微生

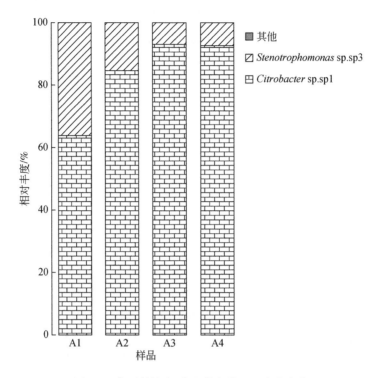

图 6-3　菌群结构在 S^{2-} 生物氧化过程中的变化

A1：1h；A2：18h；A3：30h；A4：60h

物中占主导地位的菌株是 *Citrobacter* sp. sp1 的结论。

6.2.5　复合微生物对 S^{2-} 的生物氧化过程分析

结合图 6-1、图 6-3 及图 6-4，分析复合微生物对无机硫的生物氧化过程。复合微生物对无机硫的生物氧化过程中，*Citrobacter* sp. sp1 占据主导地位，在生物氧化的第 1～18h，复合微生物中 *Citrobacter* sp. sp1 的相对丰度上升（图 6-3），此时 S^{2-} 浓度迅速下降，S^0 浓度上升后下降，$S_2O_3^{2-}$ 浓度小幅上升，$S_4O_6^{2-}$ 浓度显著上升，SO_4^{2-} 浓度小幅上升（图 6-1）。这表明在生物氧化的第 1～18h，复合微生物中发生的代谢过程主要包括 S^{2-} 向 S^0 的转化，低价态硫离子向中间价态硫离子的转化以及中间价态硫离子向 SO_4^{2-} 的转化。这一过程主要由菌株 *Citrobacter* sp. sp1 调控。同时，低价态硫离子向中间价态硫离子的转化速率高于中间价态硫离子向 SO_4^{2-} 的转化速率，导致中间价态硫离子浓度的上升。在生物氧化的第 18～30h，S^{2-} 浓度下降速度减缓，S^0 浓度上升，$S_2O_3^{2-}$ 浓度上升，$S_4O_6^{2-}$ 浓度上升

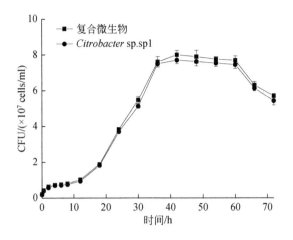

图 6-4　复合微生物及 *Citrobacter sp. sp1* 的生长曲线

速率减缓，SO$_4^{2-}$ 浓度大幅上升（图 6-1）。这表明在生物氧化的第 18~30h，S^{2-} 向 S^0 的转化过程基本结束，同时低价态硫离子向中间价态硫离子的转化速率开始减缓，而中间价态硫离子向 SO$_4^{2-}$ 的转化速率开始增加，导致中间价态硫离子浓度上升速率减缓，而 SO$_4^{2-}$ 浓度上升速率增加。这一过程同样主要由 *Citrobacter sp. sp1* 调控。在反应的第 30~60h，S^{2-} 浓度基本不变，S^0 浓度上升，S$_2$O$_3^{2-}$ 浓度下降，S$_4$O$_6^{2-}$ 浓度大幅下降，SO$_4^{2-}$ 浓度继续上升（图 6-1）。这表明在生物氧化的第 30~60h，复合微生物中对 S^{2-} 的代谢过程已基本结束，大量堆积的中间价态硫离子向稳定的 SO$_4^{2-}$ 转化。这一过程由 *Citrobacter sp. sp1* 调控，导致了各中间价态硫离子浓度的下降。

|第7章| 复合微生物氧化 S^{2-} 的转录组学及主要代谢途径

7.1 材料与方法

7.1.1 复合微生物来源及其制备

复合微生物来源及制备方案参照 5.1.1 节及 5.1.3 节所述方法。

7.1.2 含硫人工废水

含硫人工废水的配制参照 3.1.3 节所述方法。

7.1.3 复合微生物硫氧化实验

将复合微生物和 *Citrobacter* sp. sp1 分别按照体积比 5% 的接种量接入装有灭菌后含硫人工废水的锥形瓶中，在 25℃ 的恒温震荡培养箱中，以 120r/min 的转速进行生物氧化反应 60h，并设置两个生物学重复。

7.1.4 菌体收集及保存

在反应的第 1h、18h、30h、60h 提取生物菌体，菌体提取及保存参照 6.1.3 节所述方法进行。

7.1.5 RNA 提取、建库与转录组测序

（1）总 RNA 提取

本章研究中微生物的转录组测序均委托武汉贝纳科技服务有限公司完成。采

用 RiboPure Bacteria Kit 试剂盒（AM1925，美国 Thermo Fisher）分别提取处于不同时期复合微生物的总 RNA 及 *Citrobacter* sp. sp1 的总 RNA，提取过程参照试剂盒使用说明书。

（2）RNA 质量检测

对提取出的 RNA 样品，需从浓度、纯度、完整性三个方面检测其质量。其中，样品浓度采用核酸分析仪（Agilent 2100 Bioanalyzer，美国安捷伦）及微量紫外分光光度计测定，纯度采用 1% 琼脂凝胶电泳的方法结合核酸分析仪测定；完整性通过核酸分析仪测定样品 RIN 值确定。

（3）RNA 的纯化

对于质检合格的 RNA 样品需进行纯化，采用 RiboPure RNA 纯化试剂盒（AM1924，美国 Thermo Fisher）对提取出的 RNA 样品纯化，以去除其中杂质。

（4）转录组文库的构建及测序

转录组以总 RNA 为基础，并从中提取 mRNA 构建测序文库，本书采用 Ribo-ZeroTMrRNA Removal Kit 试剂盒对总 RNA 样品中的 rRNA 进行剔除，并采用 Oligo T 磁珠对 mRNA 进行富集。将富集后的 mRNA 通过破碎液进行片段化处理。由于转录组构建过程中将 mRNA 反转录为双链 cDNA，在测序时会得到其双链的序列信息、消除的 mRNA 的单链特性，因此需采用链特异性文库构建方式。以破碎后的 mRNA 为模板，合成用六碱基随机引物（random hexamers）反转录第一链 cDNA，并在合成第二条 cDNA 时，采用脱氧腺苷三磷酸 dATP、脱氧鸟苷三磷酸 dGTP、脱氧胞苷三磷酸 dCTP，并采用脱氧尿苷三磷酸 dUTP 代替原本的脱氧胸苷三磷酸 dTTP 构建，使得第二链 cDNA 上布满含 dUTP 的位点。对合成的双链 cDNA 采用 VAHTS Universal DNA Library Prep Kit for Illumina V3 试剂盒进行纯化，并对双链 cDNA 进行末端修复并添加碱基 A 及测序接头。然后通过尿嘧啶糖苷酶 UNG 对第二链 cDNA 上的 dUTP 点位进行消化，使得 cDNA 变为含有测序接头的单链。对所得单链 cDNA 进行 PCR 扩增，进行转库组文库构建。将构建好的转录组文库在 Illumina HiSeq 2000 平台上进行上机测序工作。

7.1.6 测序数据质控过滤

在 Illumina HiSeq 2000 平台上进行高通量测序得到的原始图像数据文件经碱基识别（Base Calling）分析转化为原始数据，被称为 raw data 或 raw reads，结果以 FASTQ（简称为 fq）文件格式存储，其中包含测序序列（reads）的碱基信息以及对应的测序质量信息。原始测序数据中会包含接头信息、低质量碱基、未测出的碱基（以 N 表示），这些信息会对后续的信息分析造成很大的干扰，通过精细的过滤方法将这些干扰信息去除掉，最终得到的数据即为有效数据，被称为 Clean data 或 Clean reads，该文件的数据格式与 Raw data 完全一样。数据过滤方法如下。

1）过滤掉含有接头系列的 reads。

2）当单端测序 read 中含有的 N 的量超过该条 read 长度比例的 10% 时，过滤掉该 read 以及跟该 read 构成 paired-end 对的 read。

3）当单端测序 read 中含有的低质量（≤5）碱基数超过该条 read 长度比例的 50% 时，过滤掉该 read 以及跟该 read 构成 paired-end 对的 read。

7.1.7 RNA-seq 生物信息学分析

对经质控过滤后获得的 clean reads 进行质量评估，并将其 mapping 至参考基因组，后续 RNA-seq 生物信息学分析主要从样本间基因表达水平相关性、样本差异表达分析、差异基因 GO 富集分析三个方面进行。最后，对每个样本中呈现显著性差异表达的基因进行筛选，得到硫氧化相关基因的差异性表达情况，并进行统计分析。

7.2 结果与讨论

7.2.1 RNA 的提取与质检

分别于 *Citrobacter* sp. sp1 与复合微生物进行生化反应的第 1h、18h、30h、60h 提取生物菌体，并提取各时间段样品的 RNA 进行转录组学测序分析。提取的 RNA 样品质量是影响后续测序分析的重要影响因素，因此需要对提取 RNA 样品的质量进行检测。基本质控参数中，质量完整性指数（RNA integrity number，RIN）代表着 RNA 提取质量的高低。当样品 RIN 值越大时，其 RNA 质量越高，样品 RIN 取值范围为 1~10，当样品 RIN 值≥7 时，视为样品质量达到建库测序标准。复合微生物的 RNA 基本质控参数如表 7-1 所示，各样品的完整度值均高于 8.0，表明样品提取质量均较高。

表 7-1 复合微生物样品总 RNA 质量检测结果

样品	RNA 浓度/（ng/μl）	体积/μl	总量/μg	RIN
1h-1	2910	32.00	93.12	9.80

续表

样品	RNA 浓度/(ng/μl)	体积/μl	总量/μg	RIN
1h-2	2970	32.00	95.04	9.80
1h-3	3510	32.00	112.32	9.80
18h-1	2880	32.00	92.16	9.50
18h-2	2370	32.00	75.84	9.20
18h-3	1800	32.00	57.60	9.00
30h-1	2010	32.00	64.32	9.20
30h-2	2910	32.00	93.12	8.80
30h-3	2880	32.00	92.16	9.40
60h-1	1650	32.00	52.80	8.90
60h-2	1200	32.00	38.40	8.80
60h-3	1380	32.00	44.16	8.70

采用1%琼脂糖凝胶电泳可以反映提取 RNA 样品纯度，总 RNA 样品由 mRNA、tRNA 及 rRNA 组成，其中，由于 mRNA 在总 RNA 中只占总量的 1%~5%，难以在条带上反映，因此主要通过 tRNA 及 rRNA 在电泳图上的条带亮度进行 RNA 纯度评估。采用 Trans 2K Plus 作为参照 Marker，当样品仅具有清晰的 18s 条带（tRNA）及 28s 条带（rRNA）时，表明 RNA 样品纯度较高，没有被杂质污染。复合微生物的总 RNA1%琼脂糖凝胶电泳图如图 7-1 所示，其中 M 代表参考 Marker 条带，1~12 代表样品上样 1μl 条带。可以发现，各样品总 RNA 纯度均较高，条带清晰，适用于后续实验。

复合微生物样品总 RNA 浓度、纯度及完整性亦通过 Agilent 2100 核酸分析仪进行检测，复合微生物 RNA 样品检测结果如图 7-2 及图 7-3 所示。各样品的 RNA 检测峰完整且集中程度高，样品的 RNA 完整性高，且浓度纯度均合格，质量合格，适用于后续转录组学分析。

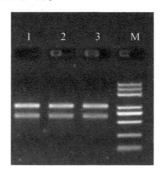

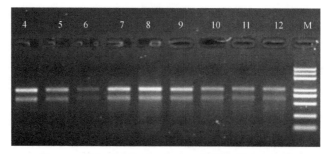

图 7-1　复合微生物总 RNA 1% 琼脂糖凝胶电泳图

1～12：转录组测序样品；M：Marker

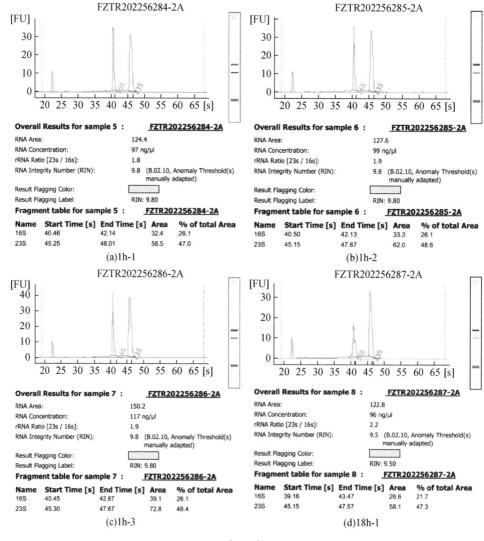

	FZTR202256284-2A	FZTR202256285-2A
Overall Results for sample 5 :	FZTR202256284-2A	
RNA Area:	124.4	
RNA Concentration:	97 ng/µl	
rRNA Ratio [23s / 16s]:	1.8	
RNA Integrity Number (RIN):	9.8　(B.02.10, Anomaly Threshold(s) manually adapted)	
Result Flagging Color:		
Result Flagging Label:	RIN: 9.80	

Fragment table for sample 5 :　FZTR202256284-2A

Name	Start Time [s]	End Time [s]	Area	% of total Area
16S	40.46	42.14	32.4	26.1
23S	45.25	48.01	58.5	47.0

(a)1h-1

Overall Results for sample 6 :　FZTR202256285-2A

RNA Area:	127.6
RNA Concentration:	99 ng/µl
rRNA Ratio [23s / 16s]:	1.9
RNA Integrity Number (RIN):	9.8　(B.02.10, Anomaly Threshold(s) manually adapted)
Result Flagging Color:	
Result Flagging Label:	RIN: 9.80

Fragment table for sample 6 :　FZTR202256285-2A

Name	Start Time [s]	End Time [s]	Area	% of total Area
16S	40.50	42.13	33.3	26.1
23S	45.15	47.87	62.0	48.6

(b)1h-2

FZTR202256286-2A

Overall Results for sample 7 :　FZTR202256286-2A

RNA Area:	150.2
RNA Concentration:	117 ng/µl
rRNA Ratio [23s / 16s]:	1.9
RNA Integrity Number (RIN):	9.8　(B.02.10, Anomaly Threshold(s) manually adapted)
Result Flagging Color:	
Result Flagging Label:	RIN: 9.80

Fragment table for sample 7 :　FZTR202256286-2A

Name	Start Time [s]	End Time [s]	Area	% of total Area
16S	40.45	42.87	39.1	26.1
23S	45.30	47.67	72.8	48.4

(c)1h-3

FZTR202256287-2A

Overall Results for sample 8 :　FZTR202256287-2A

RNA Area:	122.8
RNA Concentration:	96 ng/µl
rRNA Ratio [23s / 16s]:	2.2
RNA Integrity Number (RIN):	9.5　(B.02.10, Anomaly Threshold(s) manually adapted)
Result Flagging Color:	
Result Flagging Label:	RIN: 9.50

Fragment table for sample 8 :　FZTR202256287-2A

Name	Start Time [s]	End Time [s]	Area	% of total Area
16S	39.16	43.47	26.6	21.7
23S	45.15	47.57	58.1	47.3

(d)18h-1

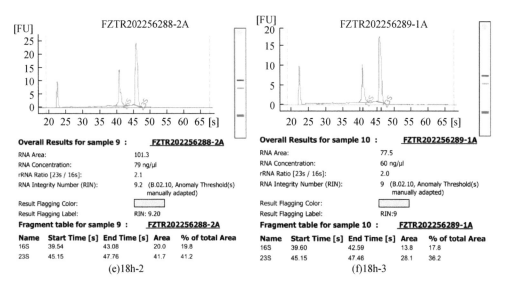

(e)18h-2　　　　　　　　　　　　　　(f)18h-3

图 7-2　复合微生物 1h 样品及 18h 样品总 RNA Agilent 2100 检测分析

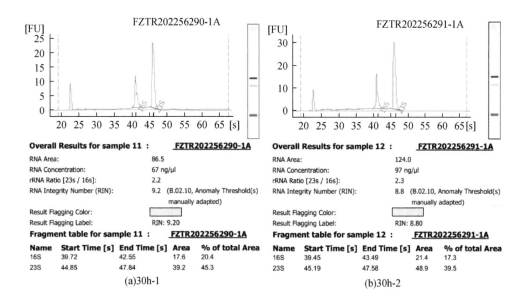

(a)30h-1　　　　　　　　　　　　　　(b)30h-2

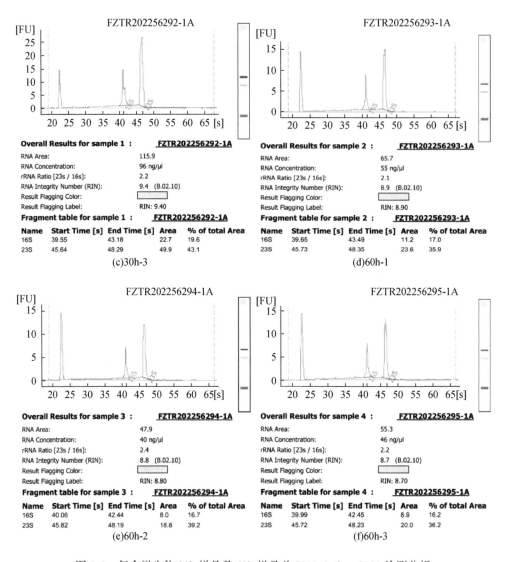

图 7-3　复合微生物 30h 样品及 60h 样品总 RNA Agilent 2100 检测分析

Citrobacter sp. sp1 的 RNA 基本质控参数如表 7-2 所示，各样品的完整度值均高于 7.0，表明样品提取质量均较高。

表 7-2　柠檬酸杆菌样品总 RNA 质量检测结果

样品	RNA 浓度/(ng/μl)	体积/μl	总量/μg	RIN
1h-1	3280	32.00	104.96	9.50

续表

样品	RNA 浓度/(ng/μl)	体积/μl	总量/μg	RIN
1h-2	2248	32.00	71.94	9.90
1h-3	2660	32.00	85.12	9.00
18h-1	1258	32.00	40.26	9.80
18h-2	1089	32.00	34.84	10.00
18h-3	1196	32.00	38.27	10.00
30h-1	1346	32.00	43.07	9.50
30h-2	1747	32.00	55.94	9.80
30h-3	1867	32.00	59.74	9.30
60h-1	1259	32.00	40.29	7.10
60h-2	1162	32.00	37.18	7.10
60h-3	522	32.00	16.70	7.10

Citrobacter sp. sp1 亦采用 Trans 2K Plus 作为参照 Marker，其总 RNA 1% 琼脂糖凝胶电泳图如图 7-4 所示，其中 M 代表参考 Marker 条带，1~12 代表样品上样 1μl 条带。可以发现，各样品总 RNA 纯度均较高，条带清晰，适用于后续实验。

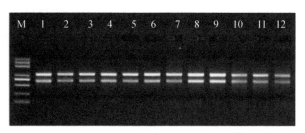

图 7-4 *Citrobacter* sp. sp1 总 RNA 1% 琼脂糖凝胶电泳图
1~12：转录组测序样品；M：Marker

Citrobacter sp. sp1 样品通过 Agilent 2100 核酸分析仪进行检测得到总 RNA 浓度、纯度及完整性结果如图 7-5 及图 7-6 所示，各样品的 RNA 检测峰完整且集中程度高，样品的 RNA 完整性高，且浓度纯度均合格，质量合格，适用于后续转录组学分析。

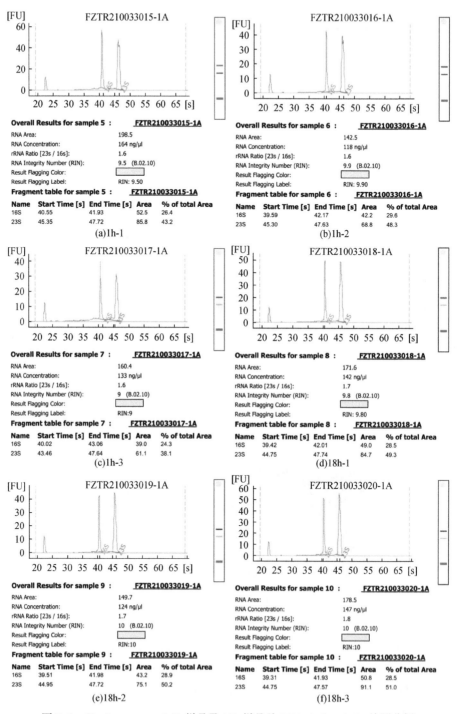

图 7-5　*Citrobacter sp.* sp1 1h 样品及 18h 样品总 RNA Agilent 2100 检测分析

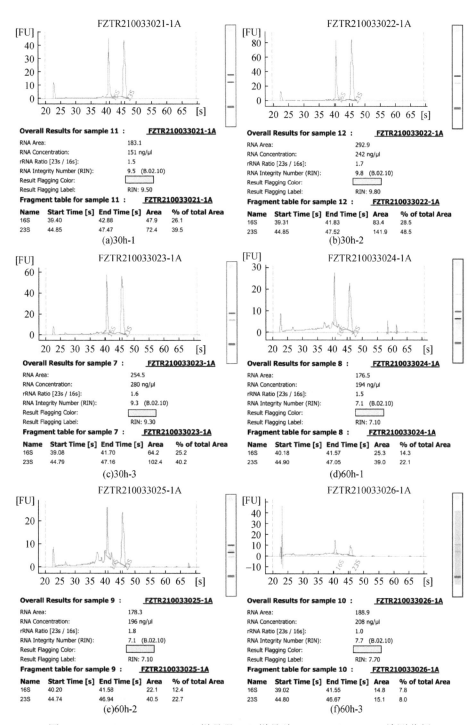

图 7-6 *Citrobacter* sp. sp1 30h 样品及 60h 样品总 RNA Agilent 2100 检测分析

7.2.2　*Citrobacter* sp. sp1 对 S^{2-}氧化差异表达基因分析

（1）*Citrobacter* sp. sp1 测序数据分析

根据各样品的三个生物学重复所提取的 RNA 样品质量，综合选择质量最高的两组样品进行转录组文库构建，并通过 Illumina HiSeq 2000 测序平台进行 paired-end 转录组测序，并对测序结果进行图像识别，去污染，去接头。所得统计结果包括测序 reads 数量、数据产量、Q20 含量、Q30 含量、GC 含量、N 含量等，其中，Q20 和 Q30 直接反应测序碱基的准确性，N 含量代表未能识别的碱基含量，其值亦能反应测序质量准确性。如表 7-3 所示，*Citrobacter* sp. sp1 各样品的 Q20 含量均高于 95%，Q30 含量均高于 90%，GC 含量均高于 50%，N 含量均为 0。可见 *Citrobacter* sp. sp1 转录组测序所得数据质量较高，可以保证后续分析的质量及可靠性。

表 7-3　*Citrobacter* sp. sp1 转录组测序质量统计

样品	有效 reads 数	reads 长度	有效碱基数	Q20/%	Q30/%	GC/%	N/%
1h-1	32382200	150	4857330000	98	95	51	0
1h-2	32752444	150	4912866600	98	95	51	0
18h-2	28785736	150	4317860400	98	95	52	0
18h-3	30193226	150	4528983900	98	94	52	0
30h-1	31260864	150	4689129600	98	95	52	0
30h-2	28026546	150	4203981900	98	95	51	0
60h-1	28943426	150	4341513900	98	95	52	0
60h-2	27655920	150	4148388000	98	95	52	0

测序数据的 GC 含量会影响建库过程中 PCR 扩增的效率，因此测序过程对不同 GC 的测序片段存在一定偏好性，但是测序结果整体上的 GC 应该跟该物种全部表达基因的 GC 含量一致。柠檬酸杆菌的测序数据 GC 含量分布示意图如图 7-7 所示，总体符合测序要求。值得注意的是，在反应的第 60h 收集样品的 RNAGC 含量与该物种标准 GC 含量有稍许出入，这可能是由于第 60h 的微生物已进入衰亡期，各项生物功能均出现弱化导致的。

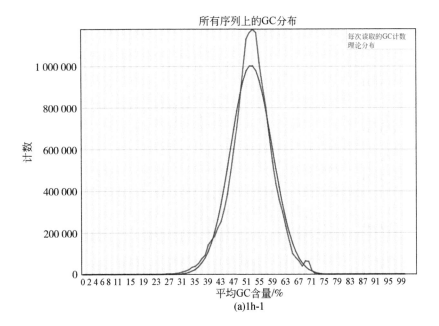

(a)1h-1

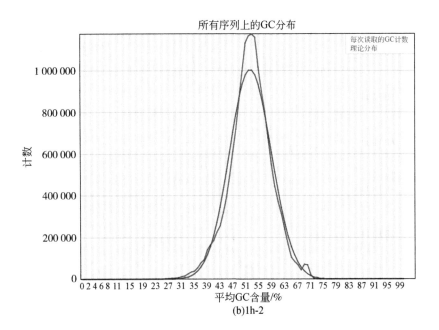

(b)1h-2

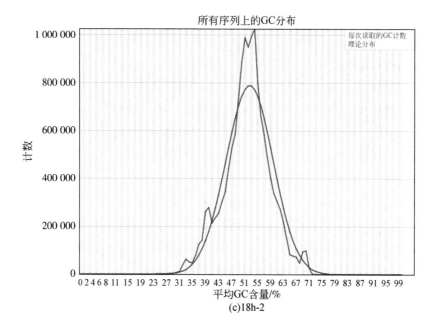

(c)18h-2

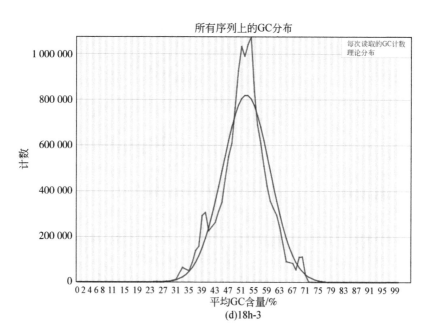

(d)18h-3

所有序列上的GC分布

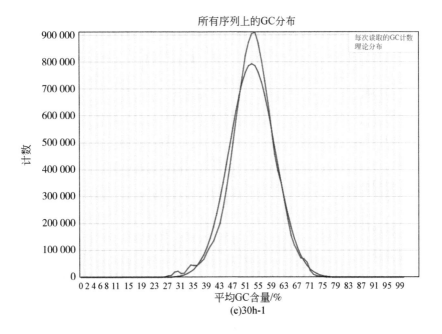

(e)30h-1

所有序列上的GC分布

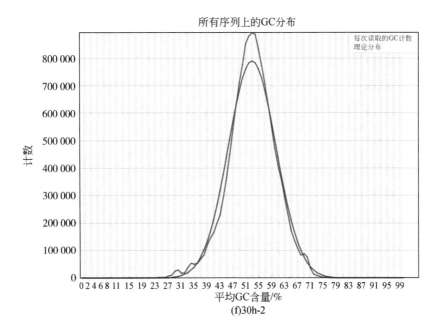

(f)30h-2

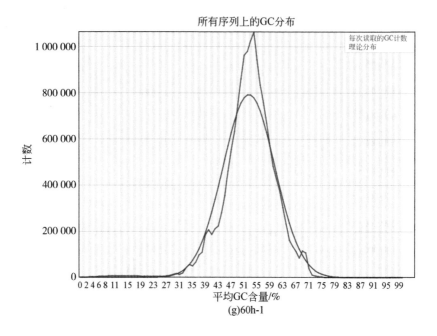

(g)60h-1

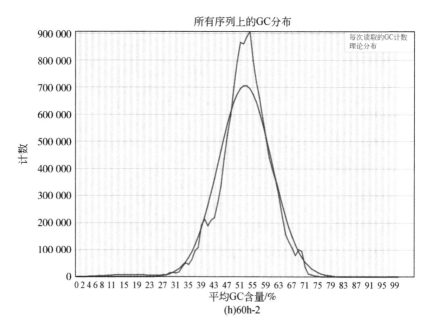

(h)60h-2

图7-7 *Citrobacter* sp. sp1 样品总 RNA GC 含量分布

（2）样本间基因表达水平相关性分析

样本间基因表达水平相关性是检验试验可靠性和样本间选择是否合理的重要指标（Robinson et al.，2010）。相关系数越接近 1，表明样本之间表达模式的相似度越高。根据样品基因表达量建立样本间相关性分析热图，如图 7-8 所示，各时间点选取两个的生物学重复样品之间的相关性系数均高于 0.9，表明本次实验的生物学重复样品之间相关性较强，重复性好；随着两个样品之间取样间隔的增大，样本间基因表达水平相关性系数降低，这表明随着生化反应的进行，*Citrobacter* sp. sp1 基因组中发挥作用的基因出现显著差异。其中，1h 样品与 60h 样品之间基因表达水平相关性系数最低，这表明在生化反应进行的开始阶段与结束阶段，*Citrobacter* sp. sp1 的主要代谢过程出现明显变化。

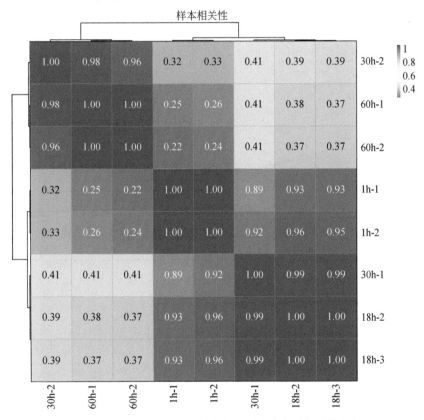

图 7-8 *Citrobacter* sp. sp1 样本间基因表达水平相关性分析

（3）样本差异表达分析

1）样本表达水平对比。微生物一个基因表达水平的膏体可以通过其相对应转录本的丰度进行体现，将每个样品比对到每个基因上的 reads 数目进行统计，并对其进行 FPKM（fragment per kilobase per million bases）转换，即可得每个样本的表达水平，样品转录本丰度越高，其表达水平就越高。其中，FPKM 转换指每百万 reads pair 中来自某一转录本平均每一千碱基长度的 reads pair 数目，由于 FPKM 方法对基因表达水平估算的同时 reads 计数受到测序深度和基因长度的影响，因此其对样本表达水平的估算较为准确，受到广泛采用。*Citrobacter* sp. sp1 各样本的基因 RPKM 密度分布曲线如图 7-9 所示，其中，横坐标为基因的 lg （FPKM）值，纵坐标为对应 lg（FPKM）的密度。图 7-10 显示了不同样本基因 FPKM 盒形图，其中，横坐标威尔不同样本名称，纵坐标为基因的 lg（FPKM）值。图中显示各样本之间基因表达水平均一，离散度较低，整体数据可靠。

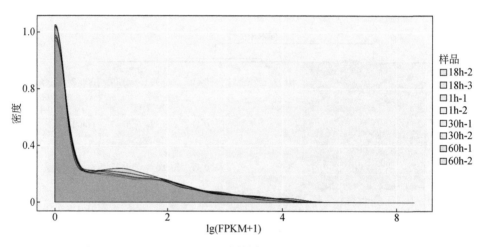

图 7-9　*Citrobacter* sp. sp1 不同样本基因 RPKM 密度分布曲线

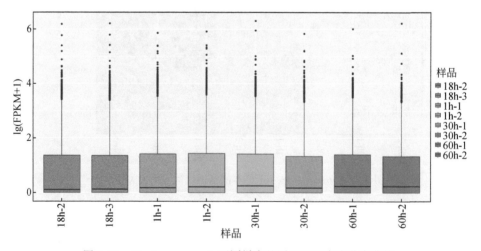

图 7-10　*Citrobacter* sp. sp1 不同样本基因 RPKM 密度分布曲线

2）样本差异表达分析。对 *Citrobacter* sp. sp1 样品之间使用 R 语言包的 DESeq2 进行差异表达分析，当基因在两个样品之间的表达水平差异的错误发现率（false discovery rate，FDR）小于 0.5，且表达量比值 [$\log_2$FC（fold change for a gene）] 的绝对值低于 1 时，即视为差异表达的基因。对分析结果进行统计，并绘制火山图，如图 7-11 所示，灰色点代表无显著差异表达的基因，红色点代表显著差异表达的基因。其中，如图 7-11（a）所示，相比于在反应的第 1h 提取的 *Citrobacter* sp. sp1 样本，第 18h 提取的样本中表达量显著上调的基因数为 340，显著下调的基因数为 385；如图 7-11（b）所示，相比于在反应的第 18h 提取的 *Citrobacter* sp. sp1 样本，第 30h 提取的样本中表达量显著上调的基因数为 522，显著下调的基因数为 285；如图 7-11（c）所示，相比于在反应的第 30h 提取的 *Citrobacter* sp. sp1 样本，第 60h 提取的样本中表达量显著上调的基因数为 111，显著下调的基因数为 113。

（4）差异基因 GO 富集分析

GO（gene ontology）是基因功能国际标准分类体系，将样本间筛选出的差异表达基因通过 GO 富集，可以研究各个样品之间在基因功能上的差异（Ashburner et al., 2000；Young et al., 2010）。GO 富集分析采用 fisher 检验方法（赵丽娜，2013），筛选出富集到基因数量明显的 GO 条目，筛选条件为 P（classic Fisher）≤0.05。GO 富集结果通常按照 GO 条目功能分为三类：BP（biological process，生物学途径）、CC（cellular component，细胞组分）、MF（molecular function，分子功能）。其中，生物学途径通常富集到参与细胞生长代谢、信号传导等功能基因，细胞组分通常富集到参与细胞构成（如细胞膜、细胞质、细胞器等）的功能基因，分子功能通常富集到调控分子生物学活性（如催化过程、转运过程、分

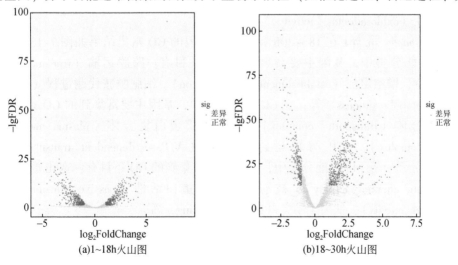

(a)1~18h火山图　　　　　　　　(b)18~30h火山图

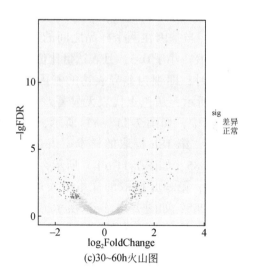

(c)30~60h火山图

图 7-11　*Citrobacter sp.* sp1 样品基因差异表达火山图

子结合等）的功能基因。

　　Citrobacter sp. sp1 在 1～18h 中差异表达基因的 GO 富集结果如图 7-12 所示，在 BP 功能分类中，基因主要富集到的 GO 条目有：趋性（taxis）、应激反应（response to external stimulus）、运动性（locomotion）等；在 CC 功能分类，基因主要富集到的 GO 条目有：蛋白质互作复合体（protein complex）、细胞器构成（organelle）、细胞质构成（cytoplasmic part）、细菌型鞭毛构成（bacterial-type flagellum）等；在 MF 功能分类中，基因主要富集到的 GO 条目有：维生素结合蛋白合成（vitamin binding）、转录因子活性（transcription factor activity）、氧化还原酶活性（oxidoreductase activity）等。

　　Citrobacter sp. sp1 在 18～30h 差异表达基因的 GO 富集结果如图 7-13 所示，在 BP 功能分类中，基因主要富集到的 GO 条目有：跨膜运输（transmembrane transport）、增殖定位（establishment of localization）、细胞酰胺代谢过程（cellular amine metabolic process）等；在 CC 功能分类中，基因主要富集到的 GO 条目有：转运复合体（transporter complex）、细胞质膜蛋白复合体（plasma membrane protein complex）、ATP 酶转运跨膜运输（ATPase dependent transmembrane transport）等；在 MF 功能分类中，基因主要富集到的 GO 条目有：宽孔通道活性（wide pore channel activity）、被动跨膜转运蛋白活性（passive transmembrane transporter activity）、铁离子结合（iron ion binding）等。

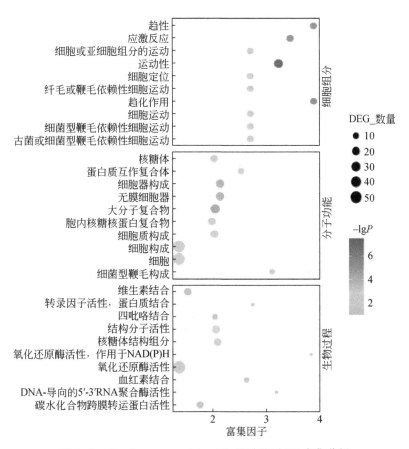

图 7-12 *Citrobacter* sp. sp1 1 ~ 18h 差异基因 GO 富集分析

Citrobacter sp. sp1 在 30 ~ 60h 差异表达基因的 GO 富集结果如图 7-14 所示，在 BP 功能分类中，基因主要富集到的 GO 条目有：肽代谢过程（peptide metabolic process）、有机氮化合物合成过程（organonitrogen compound biosynthetic process）、组氨酸代谢过程（histidine metabolic process）等；在 CC 功能分类中，基因主要富集到的 GO 条目有：核糖核蛋白复合体（ribonucleopretein complex）、大分子复合体（macromolecular complex）、胞内无膜细胞器（intracellular non-membrane-bounded organelle）等；在 MF 功能分类中，基因主要富集到的 GO 条目有：转氨酶活性（transaminase activity）、结构分子活性（structural molecule activity）、rRNA 结合（rRNA binding）等。

由 GO 富集结果可知，在不同的时间段，基因富集的 GO 功能条目呈现较大差异，这表明在生化反应的不同阶段，具有显著差异的基因也是不同的，菌株内发生的主要代谢过程也不同。

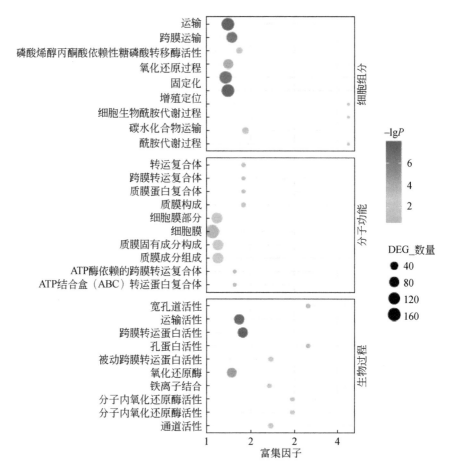

图 7-13　*Citrobacter* sp. sp1 18～30h 差异基因 GO 富集分析

（5）硫氧化功能基因差异表达统计

拉取差异表达基因列表，并按照基因功能对所有差异表达基因进行筛选，得到具有显著差异表达的硫氧化功能基因。*Citrobacter* sp. sp1 中硫氧化基因差异表达情况如表 7-4 所示。在不同的时间点，各硫氧化基因的表达水平呈现出显著差异。在反应的第 1～18h，10 种硫氧化功能基因的表达水平呈现显著变化，其中包括：调控 S^{2-} 氧化为 S^0 的两种代谢途径的 *hdr*A 基因和 *fcc* 基因（Kelly et al.，1997；Imhoff and Thiel，2010），以及辅助 *hdr*A 基因发挥代谢功能的 *sox*F 基因（Deckert et al.，1998），调控 S^0 氧化为 SO_3^{2-} 的代谢途径的 *hdr*C 基因及辅助 *hdr*C 基因发挥代谢功能的 *grx* 基因和 *sox*V 基因（Moller and Hederstedt，2008；Imhoff and Thiel，2010；Belda et al.，2016），以及调控 SO_3^{2-} 直接氧化为 SO_4^{2-} 代谢途径

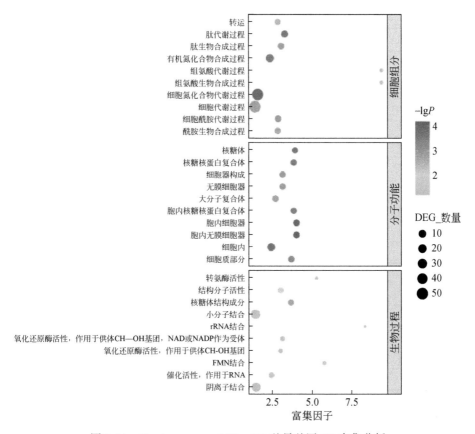

图 7-14 *Citrobacter* sp. sp1 30 ~ 60h 差异基因 GO 富集分析

表 7-4 *Citrobacter* **sp. sp1** 硫氧化差异基因表达情况

时间	基因	功能注释	$\log_2 FC$	P	显著性	调控情况
1 ~ 18h	*hdr*A	吡啶核苷酸二硫键氧化还原酶	1.76	4.72×10^{-3}	*	上调
	fcc	黄素细胞色素 c	1.02	8.18×10^{-4}	*	上调
	*sox*F	黄素腺嘌呤二核苷酸	4.78	4.70×10^{-41}	*	上调
	*hdr*C	铁硫簇结合蛋白	-1.91	1.39×10^{-6}	*	下调
	grx	谷氧还蛋白	4.07	2.42×10^{-10}	*	上调
	*sox*V	硫氧还蛋白	4.29	2.26×10^{-40}	*	上调
	*sox*B	硫酯酶	-1.34	5.33×10^{-4}	*	下调
	*sox*C	Mo-co 蛋白	1.27	6.92×10^{-6}	*	上调
	*sox*X	细胞色素 c	-1.79	2.42×10^{-3}	*	下调
	*suf*ES	半胱氨酸脱硫酶	1.51	5.69×10^{-4}	*	上调

时间	基因	功能注释	$\log_2 FC$	P	显著性	调控情况
18~30h	soxF	黄素腺嘌呤二核苷酸	1.10	3.22×10^{-3}	*	上调
	hdrC	铁硫簇结合蛋白	1.92	1.56×10^{-3}	*	上调
	soxV	硫氧还蛋白	−1.01	1.16×10^{-2}	*	下调
	$paps$	磷酸腺苷磷酸硫酸还原酶	4.54	8.06×10^{-3}	*	上调
	soxB	硫酯酶	2.42	3.84×10^{-7}	*	上调
18~30h	soxC	Mo-co 蛋白	−1.19	2.24×10^{-4}	*	下调
	soxX	细胞色素 c	3.06	5.66×10^{-10}	*	上调
	soxW	硫醇二硫化物互换蛋白	1.62	1.97×10^{-3}	*	上调
	cysIJ	亚硫酸盐还原酶	2.97	5.64×10^{-5}	*	上调
	tetH	连四硫酸水解酶	1.61	1.90×10^{-3}	*	上调
	tst	硫代硫酸盐–硫转移酶	1.86	5.67×10^{-4}	*	上调
30~60h	grx	谷氧还蛋白	1.03	1.08×10^{-3}	*	上调
	soxV	硫氧还蛋白	−1.08	1.35×10^{-2}	*	下调
	soxB	硫酯酶	2.41	3.84×10^{-7}	*	上调
	cysIJ	亚硫酸盐还原酶	3.97	5.65×10^{-5}	*	上调
	tst	硫代硫酸盐–硫转移酶	1.25	7.47×10^{-3}	*	上调

的 sox 基因簇（Toghrol and Southerland，1983）。在反应的第 18~30h，11 种硫氧化功能基因的表达水平呈现显著变化，除了 soxF 基因、hdrC 基因、soxV 基因和 sox 基因簇以外，还包括调控 SO_3^{2-} 间接氧化为 SO_4^{2-} 的代谢途径 $paps$ 基因（Bruser et al.，2000），调控 S^{2-} 氧化为 SO_3^{2-} 的代谢途径 cysIJ 基因（Tan et al.，2013），调控 $S_2O_3^{2-}$ 氧化为 $S_4O_6^{2-}$ 的代谢途径的 soxW 基因（Holden et al，2004），调控 $S_4O_6^{2-}$ 向 SO_4^{2-} 氧化的代谢途径的 tetH 基因（Rohwerder and Sand，2007；Sakurai et al.，2010），以及调控 $S_2O_3^{2-}$ 离子歧化为 S^0 和 SO_3^{2-} 的代谢途径的 tst 基因（Rohwerder and Sand，2007）。然而，在反应的第 30~60h，表达出现显著差异的基因较少，仅有 grx、soxV、soxB、cysIJ 和 tst 5 种。

7.2.3 复合微生物差异表达基因分析

（1）复合微生物测序数据分析

复合微生物的测序数据统计项目与柠檬酸杆菌相同。如表 7-5 所示，复合微生物各样品的 $Q20$ 含量均高于 95%，$Q30$ 含量均高于 90%，GC 含量均高于

50%，可见复合微生物转录组测序所得数据质量较高，可以保证后续分析的质量。

表 7-5　复合微生物转录组测序质量统计

样品	有效 reads 数	reads 长度	有效碱基数	Q20/%	Q30/%	GC/%
1h-1	32211176	150	4831676400	97	93	53
1h-2	26945612	150	4041841800	97	94	53
18h-1	35456224	150	5318433600	97	93	53
18h-2	26764622	150	4014693300	97	94	53
30h-1	28131802	150	4219770300	97	93	53
30h-2	29272146	150	4390821900	98	95	52
60h-1	31960658	150	4794098700	97	93	52
60h-2	29085282	150	4362792300	98	95	52

复合微生物的测序数据 GC 含量分布示意图如图 7-15 所示，总体符合测序要求。值得注意的是，在反应的第 60h 收集样品 RNA 的 GC 含量与该物种标准 GC 含量不同，这可能是由于第 60h 的微生物已进入衰亡期，同时复合微生物的转录物质由不止一种类型菌株提供，各项生物功能均出现弱化导致的。

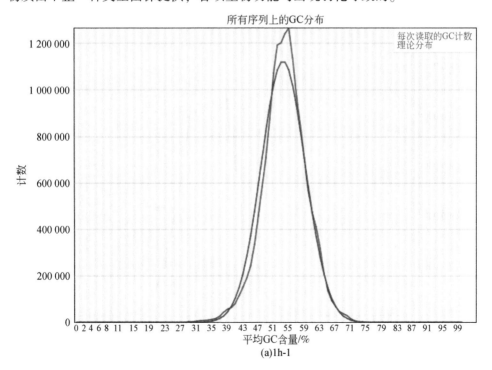

(a)1h-1

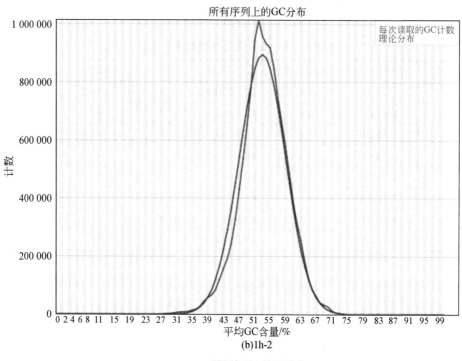

(b)1h-2

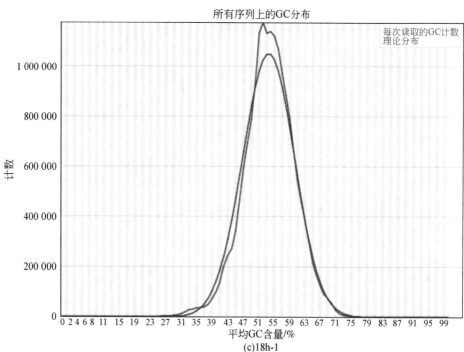

(c)18h-1

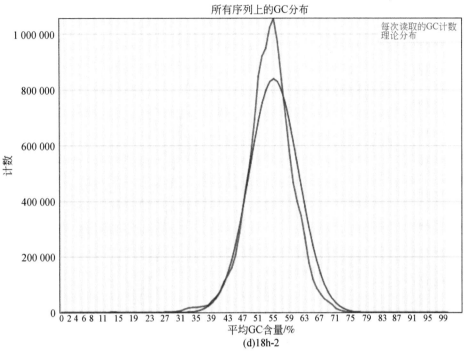

(d)18h-2

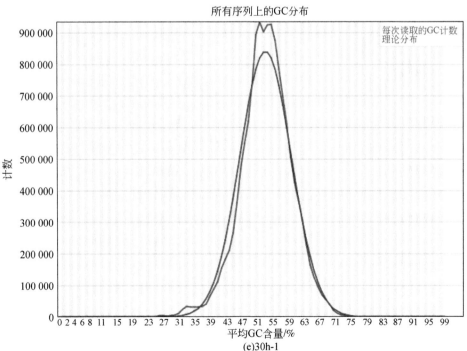

(e)30h-1

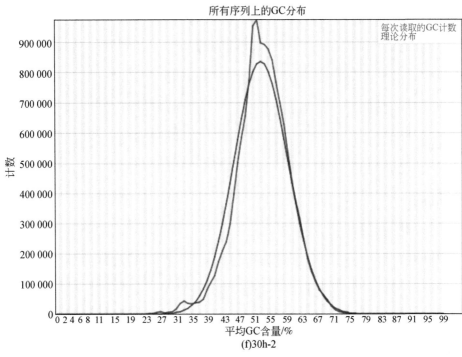

(f)30h-2

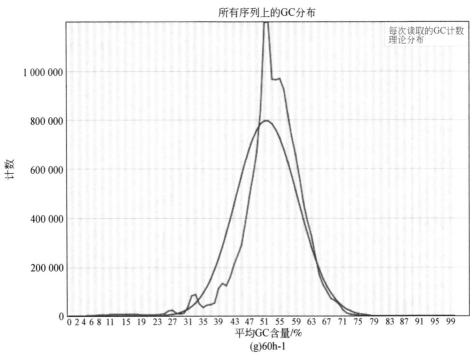

(g)60h-1

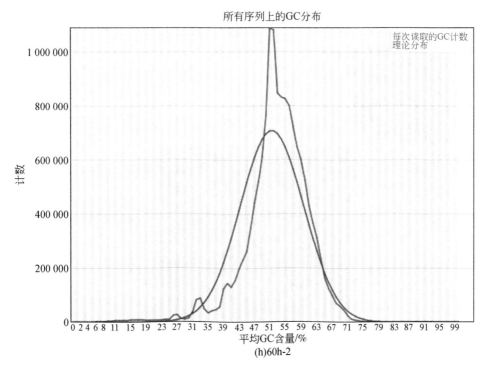

图 7-15　复合微生物样品总 RNA GC 含量分布

（2）样本间基因表达水平相关性分析

复合微生物各样品之间相关性分析热图如图 7-16 所示。各时间点选取两个的生物学重复样品之间的相关性系数均高于 0.9，表明本次实验的生物学重复样品之间相关性较强，重复性好；反应的第 18h 和第 30h 样品的基因表达水平相关性较高，表明这两个时间点内复合微生物的主要代谢过程变化程度较低。同时，反应第 1h 样品和反应第 60h 样品的基因表达水平均与反应第 18h 和第 30h 样品的基因表达水平相关性较低，表明在反应的开始阶段、进行阶段与结束阶段，复合微生物的主要代谢过程均出现明显变化。

（3）样本差异表达分析

1）样本表达水平对比。复合微生物各样本的基因 RPKM 密度分布曲线及基因 FPKM 盒形图分别如图 7-17 及图 7-18 所示。图中显示各样本之间基因表达水平均一，离散度较低，整体数据可靠。

2）样本差异表达分析。对复合微生物样品之间使用 R 语言包的 DESeq2 进行差异表达分析，对结果统计并绘制火山图。如图 7-19（a）所示，相比于在反应的第 1h 提取的复合微生物样本，第 18h 提取的样本中表达量显著上调的基因

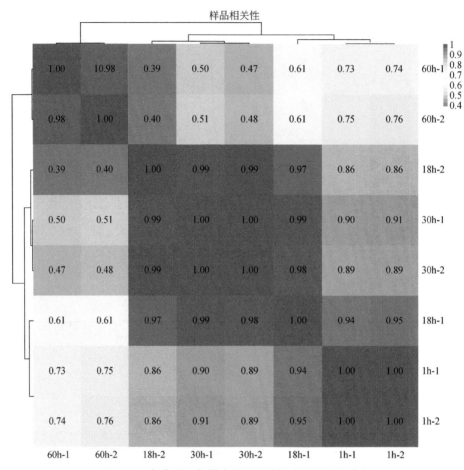

图 7-16 复合微生物样本间基因表达水平相关性分析

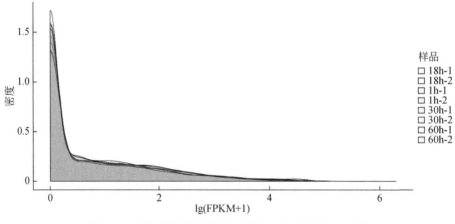

图 7-17 复合微生物不同样本基因 RPKM 密度分布曲线

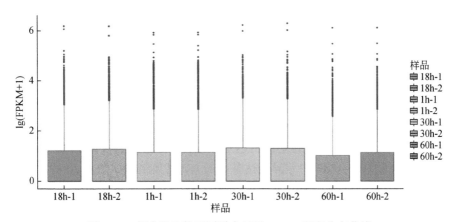

图 7-18　复合微生物不同样本基因 RPKM 密度分布曲线

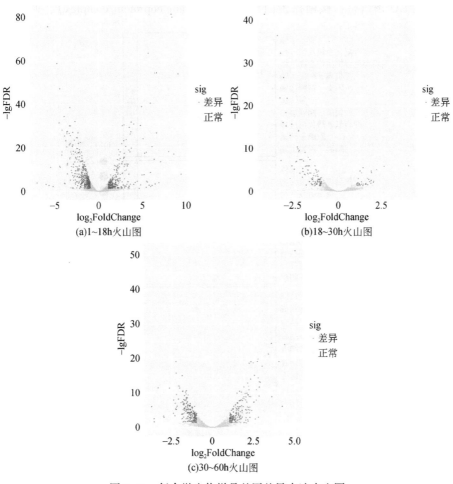

(a)1~18h火山图

(b)18~30h火山图

(c)30~60h火山图

图 7-19　复合微生物样品基因差异表达火山图

数为314，显著下调的基因数为400。如图7-19（b）所示，相比于在反应的第18h提取的复合微生物样本，第30h提取的样本中表达量显著上调的基因数为36，显著下调的基因数为106。如图7-19（c）所示，相比于在反应的第30h提取的复合微生物样本，第60h提取的样本中表达量显著上调的基因数为203，显著下调的基因数为223。

（4）差异基因GO富集分析

将各时间段复合微生物的差异表达基因进行GO富集，并绘制GO富集分析图。复合微生物在1～18h中差异表达基因的GO富集结果如图7-20所示，在BP功能分类中，基因主要富集到的GO条目有：质子运输（proton transport）、有机氮化合物代谢过程（organonitrogen compound metabolic process）、无机阳离子跨膜运输（inorganic cation transmembrane transport）等；在CC功能分类中，基因主要富集到的GO条目有：核糖核蛋白复合物（ribonucleoprotein complex）、大分子化

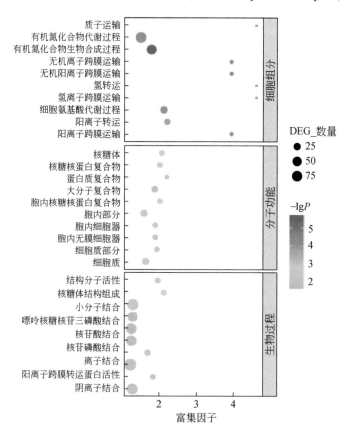

图7-20　复合微生物1～18h差异基因GO富集分析

合物（macromolecular complex）、胞内细胞器（intracellular organelle）等；在 MF 功能分类中，基因主要富集到的 GO 条目有：结构分子活性（structural molecule activity）、小分子结合（small molecule binding）、核苷磷酸结合（nucleoside phosphate binding）等。

复合微生物在 18～30h 中差异表达基因的 GO 富集结果如图 7-21 所示，在 BP 功能分类中，基因主要富集到的 GO 条目有：应激反应（response to external stimulus）、细胞定位（localization of cell）等；在 CC 功能分类中，基因主要富集到的 GO 条目有：质膜固有成分构成（intrinsic component of plasma membrane）、质膜成分组成（integral component of plasma membrane）、细胞质构成（cytoplasmic part）等；在 MF 功能分类中，基因主要富集到的 GO 条目有：过渡金属离子跨膜转运（transition metal ion transmembrane transport）、硫化合物结合（sulfur compound binding）、金属团簇结合（metal cluster binding）等。

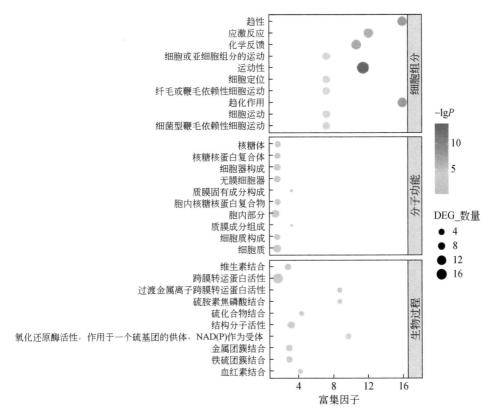

图 7-21　复合微生物 18～30h 差异基因 GO 富集分析

复合微生物在 30 ~ 60h 中差异表达基因的 GO 富集结果如图 7-22 所示，在 BP 功能分类中，基因主要富集到的 GO 条目有：有机氮化合物生物合成过程（organonitrogen compound biosynthetic process）、细胞氨基酸代谢过程（cellular amino acid metabolic process）、ATP 生物合成过程（ATP biosynthetic process）等；在 CC 功能分类中，基因主要富集到的 GO 条目有：胞内核糖核蛋白复合物（intracellular ribonucleoprotein complex）、大分子复合物（macromolecular complex）等；在 MF 功能分类中，基因主要富集到的 GO 条目有：核糖体结构组分（structural constituent of ribosome）、氧化还原酶活性（oxidoreductase activity）、连接酶结合（ligase activity）等。

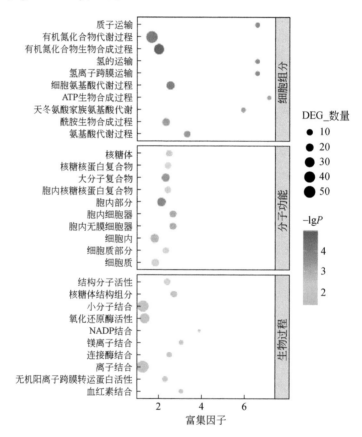

图 7-22　复合微生物 18 ~ 30h 差异基因 GO 富集分析

（5）硫氧化功能基因差异表达统计

拉取差异表达基因列表，并按照基因功能对所有差异表达基因进行筛选，得到具有显著差异表达的硫氧化功能基因。复合微生物中硫氧化基因差异表达情况如表 7-6 所示。在反应的第 1 ~ 18h，11 种硫氧化功能基因的表达水平呈现显著变化，其中包括：调控 S^{2-} 氧化为 S^0 的 hdrA 基因（Imhoff and Thiel，2010）及其辅助基因 soxF 基因（Deckert et al.，1998），调控 S^0 氧化为 SO_3^{2-} 的代谢途径的 hdrC 基因（Imhoff and Thiel，2010）及其辅助基因 soxV 基因（Moller and Hederstedt，2008），调控 SO_3^{2-} 直接氧化为 SO_4^{2-} 代谢途径的 sox 基因簇（Toghrol and Southerland，1983），调控 S^{2-} 氧化为 SO_3^{2-} 的代谢途径 cysIJ 基因（Tan et al.，2013），调控 $S_4O_6^{2-}$ 向 SO_4^{2-} 氧化的代谢途径的 tetH 基因（Rohwerder and Sand，2007；Sakurai et al.，2010），以及调控 $S_2O_3^{2-}$ 歧化为 S^0 和 SO_3^{2-} 的代谢途径的 tst 基因（Rohwerder and Sand，2007）和 st 基因（Carkaci et al.，2016）。在反应的第 18 ~ 30h，仅有 hdrC 基因的表达水平呈现显著变化。在反应的第 30 ~ 60h，共有 6 种基因的表达水平呈现显著变化，包括 soxF、hdrC、grx、soxV、soxW 和 sox 基因簇。

表 7-6　复合微生物硫氧化差异基因表达情况

时间	基因	功能注释	$\log_2$FC	P	显著性	调控情况
1 ~ 18h	hdrA	吡啶核苷酸二硫键氧化还原酶	1.99	2.41×10^{-3}	*	上调
	soxF	黄素腺嘌呤二核苷酸	4.59	1.27×10^{-34}	*	上调
	hdrC	铁硫簇结合蛋白	1.21	2.91×10^{-4}	*	上调
	soxV	硫氧还蛋白	2.43	2.78×10^{-18}	*	上调
	soxB	硫酯酶	2.01	1.93×10^{-5}	*	上调
	soxC	Mo-co 蛋白	-1.08	1.58×10^{-4}	*	下调
	soxX	细胞色素 c	-1.49	3.16×10^{-12}	*	下调
	cysIJ	亚硫酸盐还原酶	5.84	6.96×10^{-44}	*	上调
	tetH	连四硫酸水解酶	2.47	8.02×10^{-3}	*	上调
	tst	硫代硫酸盐-硫转移酶	1.64	6.40×10^{-3}	*	上调
	st	硫转移酶	5.12	1.61×10^{-9}	*	上调
18 ~ 30h	hdrC	铁硫簇结合蛋白	-1.35	2.40×10^{-4}	*	下调
30 ~ 60h	soxF	黄素腺嘌呤二核苷酸	2.84	1.77×10^{-14}	*	上调
	hdrC	铁硫簇结合蛋白	-1.10	6.61×10^{-5}	*	下调
	grx	谷氧还蛋白	1.58	2.60×10^{-5}	*	上调
	soxV	硫氧还蛋白	-1.33	2.36×10^{-6}	*	下调
	soxW	硫醇二硫化物互换蛋白	1.17	1.24×10^{-3}	*	上调
	soxB	硫酯酶	-1.08	4.08×10^{-5}	*	下调
	soxX	细胞色素 c	1.17	1.22×10^{-3}	*	上调

显然，在复合微生物对 S^{2-} 的代谢过程中，涉及差异表达的硫氧化基因数量减少，部分具有多种代谢途径的离子转换过程涉及的代谢途径减少，表明复配使得微生物的部分基因调控的代谢途径获得表达增强，部分代谢途径由于不能无法发挥完全功能而受到抑制。同时，显著差异表达的基因数量也与柠檬酸杆菌单独作用时的转录组测序结果不同，在 18~30h，显著性差异表达的基因大幅减少，表明此时复合微生物对 S^{2-} 离子的生物氧化过程较为稳定。

7.2.4 复合微生物对 S^{2-} 的主要氧化代谢途径

综合分析 *Citrobacter* sp. sp1 作用下的转录组测序结果及复合微生物作用下的转录组测序结果，可以发现菌株的复配对复合微生物的 S^{2-} 代谢途径产生了显著影响，结合复配对复合微生物对 S^{2-} 氧化功能的影响以及复合微生物作用下各无机硫离子浓度的变化情况，表明这些影响使得复合微生物对 S^{2-} 的氧化率显著提高。前人研究得出的 PSO 途径及 S4I 途径在复合微生物的代谢体系内同时存在，然而，具有多种调控方式的代谢途径段受到复配影响，使得在转录组测序分析中未检测到部分基因的表达。

综合以上结果建立 S^{2-} 在复合微生物作用下的代谢途径，如图 7-23 所示。底物 S^{2-} 作为整个反应中的电子供体，分别转化为 S^0 和 SO_3^{2-}。其中，由于在复合微生物的转录组测序分析中未能检测到具有编码 FCC 酶功能的 *fcc* 基因，因此，S^{2-} 向 S^0 的转化仅由具有编码 SQR 酶功能的 *hdr*A 基因及其辅助基因 *sox*F 调控（Deckert et al.，1998；Imhoff and Thiel，2010）；S^{2-} 向 SO_3^{2-} 的转化则由具有编码 SRN 酶功能的 *cys*IJ 基因调控（Tan et al.，2013）。S^0 同样可以在复合微生物的作用下转化为 SO_3^{2-}，这一过程由具有编码 HDR 酶功能的 *hdr*C 基因及辅助因子 *grx* 基因和 *sox*V 基因调控（Moller and Hederstedt，2008；Imhoff and Thiel，2010；Belda et al.，2016）。SO_3^{2-} 在生物氧化反应中存在两种代谢路径，其中，一部分 SO_3^{2-} 和 S^0 发生归中反应生成 $S_2O_3^{2-}$，另一部分 SO_3^{2-} 则被复合微生物氧化为 SO_4^{2-}。由于在复合微生物的转录组测序中未能检测到具有编码 PAPS 酶功能的 *paps* 基因，因此 SO_3^{2-} 向 SO_4^{2-} 的转化仅由具有编码 SO 酶功能的 *sox* 基因簇调控（Toghrol and Southerland，1983）。$S_2O_3^{2-}$ 在生物氧化反应中亦存在两种代谢途径，其中一部分 $S_2O_3^{2-}$ 受到具有编码 TST 酶功能的 *tst* 基因调控（Rohwerder and Sand，2007），发生歧化反应重新分解为 S^0 和 SO_3^{2-} 参与到代谢过程中，另一部分 $S_2O_3^{2-}$ 则参与到 S4I 代谢途径中，在具有编码 TQO 酶功能的 *sox*VW 基因的调控下转化为 $S_4O_6^{2-}$（Holden et al.，2004；Moller and Hederstedt，2008），而 $S_4O_6^{2-}$ 则在具有编码 TTH 酶功能的 *tet*H 基因的作用下转化为 SO_4^{2-}（Rohwerder and Sand，2007；

Sakurai et al., 2010）。

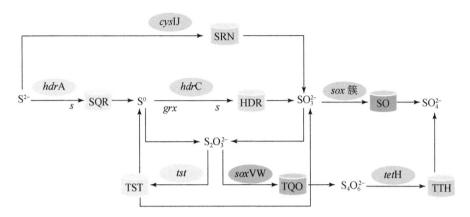

图 7-23　复合微生物对 S²⁻ 的主要代谢途径

第8章 控源截污技术

8.1 农村生活污水治理技术

8.1.1 农村生活污水治理三种模式

（1）纳入城镇污水处理模式

该模式适用于城镇郊区距离污水处理厂或市政管网比较近的村庄。该模式针对具备接入城镇污水管网条件的村庄，优先考虑将居民生活污水接入市政收集管网，由城镇污水处理厂统一处理。

（2）村级集中处理模式

该模式适用于村庄分布密集、人口密度较大、污水排放量较大且远离城镇的地区。该模式针对居住区相对集中的农村地区或相邻村庄联合建设污水处理设施及配套工程，实现区域统筹、共建共享，宜采用集中建设污水收集系统和污水处理设施。

（3）分散处理模式

该模式适用于村庄分布比较分散、人口密度较低、地形较为复杂的地区。该模式针对小型村庄和居住分散不易集中收集或管网敷设难度较大的村庄或零散的农户，采用小型污水处理设备或自然生态处理等形式将单户或几户的污水在房前屋后处理或利用。

8.1.2 村级集中污水处理设施工艺介绍

8.1.2.1 A/O、A²/O 活性污泥法

（1）适用范围

A/O、A²/O 活性污泥法适用于农村生活污水处理。

（2）主要技术内容

A/O法（图8-1）缺氧池在前，污水中的有机碳被反硝化菌所利用，可减轻

其后好氧池的有机负荷，反硝化反应产生的碱度可以补偿好氧池中硝化反应对碱度的需求。好氧池在缺氧池之后，可以使反硝化残留的有机污染物得到进一步去除，提高出水水质。

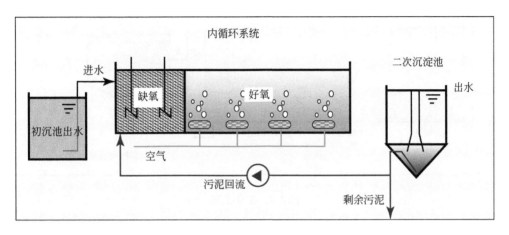

图 8-1　AO 工艺

A²/O（图 8-2），污水与回流污泥先进入厌氧池（DO<0.2mg/L）完全混合，经一定时间（1~2h）的厌氧分解，去除部分 BOD，使部分含氮化合物转化成 N_2（反硝化作用）释放，回流污泥中的聚磷微生物（聚磷菌等）释放出磷，满足细菌对磷的需求；接下来，污水流入缺氧池（DO 释放出磷），池中的反硝化细菌以污水中未分解的含碳有机物为碳源，将好氧池内通过内循环回流进来的硝酸根还原为 N_2 释放；然后，污水流入好氧池（DO=2~4mg/L），水中的 NH_3-N（氨氮）进行硝化反应生成硝酸根，同时水中的有机物氧化分解供给吸磷微生物以能量，微生物从水中吸收磷，磷进入细胞组织，富集在微生物内，经沉淀分离后以富磷污泥的形式从系统中排出。

（3）主要技术指标

根据设计，一般要求，进入生化池的 COD 含量不宜超过 2450mg/L，NH_3-N 含量不超过 150mg/L，进水碳氮比值 COD：NH_3-N>6。根据生化要求，C：N：P=100：5：1，废水特点是碳源、氮源足够，但是适当缺乏 P 源，为保证良好的出水，可在好氧池前适当投加磷酸盐，磷酸盐投加量为 20~50kg/d，也可根据出水情况确定。一般来水，要达到良好的硝化效率，水温要求为 25~30℃；要达到良好的反硝化效率，水温要求为 30~35℃。为保证良好的脱氮率，要求冬天最低水温不低于 20℃。为防止污泥膨胀，SV 要求控制在 50%~60%，污泥浓度达到 3500mg/L 左右，相应的污泥指数 SVI 在 150~200。

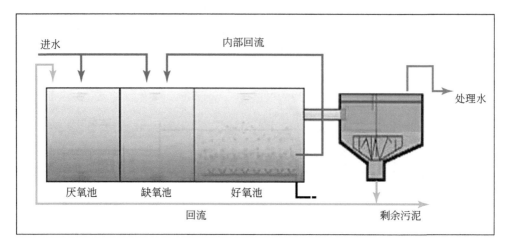

图 8-2 A²O 工艺

（4）处理效果

A/O 工艺污染物去除率：BOD_5 去除率 90%～95%；SS 去除率 90%～95%；NH_3-N 去除率 85%～95%；TN 去除率 60%～70%。

A²O 工艺污染物去除率：COD 去除率 70%～90%；BOD_5 去除率 80%～95%；SS 去除率 80%～95%；NH_3-N 去除率 80%～95%；TN 去除率 60%～85%；总磷去除率 60%～90%。

（5）经济指标

建设成本 6000～10 000 元/m^3，运行费用 0.4～0.6 元/m^3。

8.1.2.2 氧化沟

（1）适用范围

氧化沟适用于处理污染物浓度相对较高的污水，处理规模宜大不宜小，适合村落污水处理。污水经过农村适用的氧化沟工艺的处理后，出水通常达到或优于《城镇污水处理厂污染物排放标准》中的二级标准。如果受纳水体有更严格的要求，则需要进一步处理。

（2）主要技术内容

氧化沟因其构筑物呈封闭的环形沟渠而得名。它是活性污泥法的一种变形。因为污水和活性污泥在沟中不断循环流动，因此也称其为"循环曝气池""无终端曝气池"。氧化沟通常按延时曝气条件运行，以延长水和生物固体的停留时间和降低有机污染负荷。氧化沟通常使用卧式或立式的曝气和推动装置，向反应池内的物质传递水平速度和溶解氧。

氧化沟优点：氧化沟一般不设初沉池，结构和设备简单，运行维护简单，投资较省；采用低负荷运行，剩余污泥量少，处理效果好。

氧化沟不足：长污泥龄运行有时出水中悬浮物较多，影响出水水质；相对其他好氧生物处理工艺，传统氧化沟的占地面积大，耗电高于曝气池。

（3）主要技术指标

氧化沟的设计可参考《氧化沟设计规程》（CECS 112—2000）。为保证活性污泥呈悬浮状态，沟内平均流速应在 0.3m/s 以上。混合液在沉淀池进行泥水分离，污泥回流到氧化沟中，因农村管理水平有限，剩余污泥宜定期排放并作适当处理。

沉淀池可以采用常用的竖流沉淀池或平流沉淀池。

氧化沟的设计主要包括池体设计、曝气装置设计和沉淀池设计。氧化沟的参数宜根据实验资料确定，在无实验资料时，可参照类似工程选择，或参考以下参数。

污水停留时间：6 ~ 30h；污泥停留时间：10 ~ 30d；沟内流速：0.25 ~ 0.35m/s；沟内污泥浓度：1500 ~ 5000mg/L。

氧化沟工艺二沉池的表面负荷为 $0.6 ~ 1.0m^3/(m^2 \cdot h)$，一体化氧化沟固液分离器表面负荷在 $1.0m^3/(m^2 \cdot h)$ 左右。

氧化沟机械曝气设备除具有良好的充氧性能外，还具有混合和推流作用，设备选型时要注意充氧和混合推流之间的协调。氧化沟曝气转刷的技术参数可参照《环境保护产品技术要求 转刷曝气装置》（HJ/T 259—2006）。在有条件的地区，也可自行加工，以降低成本。

（4）处理效果

SS 去除率 70% ~ 90%，BOD_5 去除率 80% ~ 95%，COD 去除率 80% ~ 90%，NH_3-N 去除率 55% ~ 95%，TN 去除率 55% ~ 85%，TP 去除率 50% ~ 75%。

（5）经济指标

一般钢筋混凝土池体的建设费用为 600 ~ 1000 元/m^3，不同地区或池体埋地与否会有差别，采用钢板或玻璃钢池体的造价约为 1000 元/m^3。转刷的费用为 15 000 ~ 30 000 元/m，如果定做，会大幅度节省费用。转盘的费用较高。

8.1.2.3 序批式活性污泥法

（1）适用范围

序批式活性污泥法适用于农村黑水、灰水处理等。

（2）主要技术内容

序批式活性污泥法（图8-3）指在同一反应池（器）中，按时间顺序由进水、曝气、沉淀、排水和待机 5 个基本工序组成的活性污泥污水处理方法，简称 SBR 法。其主要变形工艺包括循环式活性污泥工艺（CASS 或 CAST 工艺）、连续和间歇曝气工艺（DAT-IAT 工艺）、交替式内循环活性污泥工艺（AICS 工艺）等。

序批式活性污泥法优点包括耐冲击负荷、运行灵活、处理设备少、构造简单、便于操作和维护管理、占地面积小、造价低等。缺点包括间歇周期运行，对自控要求高；变水位运行，电权耗增大；脱氮除磷效率不高。

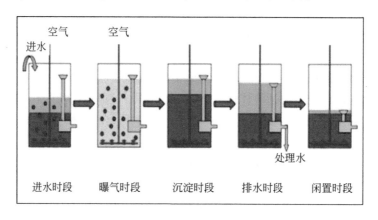

图 8-3　序批式活性污泥法

（3）主要技术指标

BOD_5/COD 的值不小于 0.3；有脱氮要求时，进水 BOD_5/TN 的值宜不小于 4.0，总碱度（以 $CaCO_3$ 计）/氨氮的值宜不小于 3.6。不满足时应补充碳源或碱度；有除磷要求时，进水的 BOD_5/总磷（TP）的值宜不小于 17；沉淀时间宜为 1h；排水时间宜为 1~1.5h；SBR 法的每天周期数宜为整数，如 2、3、4、5、6；反应池水深宜为 4~6m。

（4）处理效果

SS 去除率 70%~90%，BOD_5 去除率 80%~95%，COD 去除率 80%~90%，NH_3-N 去除率 85%~95%，TN 去除率 60%~85%，TP 去除率 50%~85%。

（5）经济指标

SBR 工艺以其经济简便的突出优势已成为农村生活污水处理工艺之一。建设成本为 5000~8000 元/m^3，运行费用为 0.7~0.9 元/m^3。

8.1.2.4　生物接触氧化法

（1）适用范围

生物接触氧化法适用于农村黑水、灰水处理。

（2）主要技术内容

生物接触氧化池（图8-4）是生物膜法的一种。该技术将污水浸没全部填料，氧气、污水和填料三相接触过程中，通过填料上附着生长的生物膜去除污染物。生物接触氧化池操作管理方便，比较适合农村地区使用。

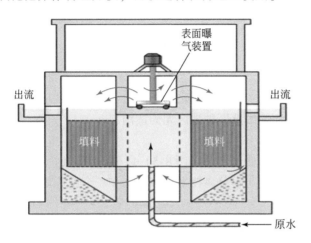

图 8-4　生物接触氧化池

该方法采用与曝气池相同的曝气方法提供微生物所需的氧，并起到搅拌与混合的作用，同时在曝气池内投加填料，以供微生物附着生长，因此又称为接触曝气法，是一种介于活性污泥法与生物滤池两者之间的生物处理法，是具有活性污泥法特点的生物膜法，它兼具两者的优点。该工艺因具有高效节能、占地面积小、耐冲击负荷、运行管理方便等特点而被广泛应用于各行各业的污水处理系统。

（3）主要技术指标

污水在生物接触氧化池内的停留时间宜为 8～12h，填料宜采用立体弹性填料或组合填料，填料层高度宜为 2.5～3.5m，填料的填充率宜在 50%～70%，有效水深宜为 3～5m，超高不宜小于 0.5m。

出水采用堰式出水，出水堰的过堰负荷宜为 2.0～3.0L/(s·m)，池底应设排泥和放空设施。向池内通入的空气量应满足气水比 15:1～20:1。

（4）处理效果

COD 去除率 80%～90%，SS 去除率 70%～90%，BOD 去除率 85%～95%，TN 去除率 30%～50%，NH_3-N 去除率 40%～60%，TP 去除率 20%～40%。

生物接触氧化法抗冲击负荷能力强，当进水氮磷污染物含量较高时，可与厌氧滤池组合使用。

（5）经济指标

该技术通常与厌氧滤池形成地埋式组合工艺，用于对出水水质要求较高的村、镇污水集中处理。

小型生物接触氧化污水处理一体化系统的投资成本为 2000~2500 元/t，运行费用为 0.3~0.4 元/t。

8.1.2.5 膜生物反应器技术（MBR）

（1）适用范围

该技术适用于经济较发达、对水污染防治要求较高的地区，对于出水去向水体为水源保护区、环境敏感区的地区尤为适用。

（2）主要技术内容

膜生物反应器污水处理工艺（图 8-5）以分离膜（通常采用超滤膜）为过滤介质，将生物降解反应与膜分离技术相结合，在一个反应器内完成生物反应和固液分离过程。

该技术具有处理效率高、出水水质好、设备紧凑、占地面积少、抗冲击负荷能力强，剩余污泥减少 50%~70%，并可实现无人值守等优点。

该技术具体内容参照《膜生物法污水处理工程技术规范》（HJ 2010—2011）执行。

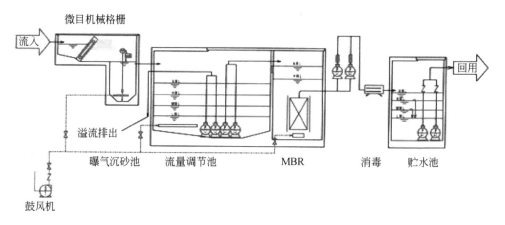

图 8-5　膜生物反应器

（3）主要技术指标

当调节池进水的动植物油含量大于 50mg/L，矿物油大于 3mg/L 时，应设置除油装置。污水好氧生化处理，进水 BOD_5/COD_{Cr} 宜大于 0.3。膜生物反应池进水 pH 宜为 6~9。污泥负荷 Fw 宜为 0.1~0.4kg/（kg·d）；MLSS 宜为 3~10g/L；

水力停留时间宜为 4~8h。

（4）处理效果

处理后出水水质可以满足污水排放 COD 不高于 60mg/L，BOD_5 不高于 20mg/L，SS 不高于 20mg/L，TN 不高于 20mg/L，NH_3-N 不高于 15mg/L，TP 不高于 1mg/L 的要求。与厌氧滤池组合使用时，出水水质可以满足 COD 不高于 50mg/L，BOD_5 不高于 10mg/L，SS 不高于 10mg/L，TN 不高于 15mg/L，NH_3-N 不高于 5（8）mg/L（括号外数值为水温>12℃时的控制指标，括号内数值为水温≤12℃时的控制指标），TP 不高于 0.5mg/L 的要求。

（5）经济指标

MBR 一体化装置的建设投资成本为 2500~3000 元/t，运行费用 0.6~1 元/t。

8.1.2.6 0.5~50t 智能管控 YW-SBBR 污水处理一体化设备

（1）适用范围

YW-SBBR 设备可以实现精确控制，非常适用于间歇排放和流量变化较大的场合；设备占地面积小、外形美观，非常适用于建设空间不足的场合；工厂化生产的高度集成一体化设备，设备现场吊装后，连接部分管道和供电线路，调试后即可投用，对施工环境影响小。

（2）主要技术内容

YW-SBBR 污水处理一体化设备是在 SBR 污水处理工艺的基础上，自主研发的一种高效稳定污水处理设备。该设备的主要特点是在生化反应过程中采用低氧曝气，并且实时采集溶解氧、pH、混合液悬浮固体（MLSS）、温度等数据，然后由可编程逻辑控制器（programmable logic controller，PLC）分析判断后实时调整厌氧、缺氧、耗氧与静沉不同工序的时间，并且随着季节温度的变化系统自动调整曝气量，做到精确控制反应进程，使污水达标后才能外排；在污水排放量少时设备自动进入待机模式，当污水排放量满足处理需求时，设备将自动恢复正常运行模式。它是目前抗冲击能力较强，自动化程度最高，能耗最低，维护最方便的全自动污水处理一体化设备。

（3）主要技术指标

污水经化粪池去除较大的悬浮物后进入调节池。调节池内，调节水质水量保持稳定后，由污水提升装置及潜污泵提升到反应池，同一反应池内第一次进水完成厌氧阶段生物池降解去除部分化学需氧量和磷的释放，然后进入好氧阶段去除大部分 COD、BOD_5、氨氮等，第二次进适量原水后进入缺氧阶段进行反硝化去除总氮和部分 COD。反应池达标出水进入砂滤池进行去除悬浮物后，进入消毒池与投加一定量的次氯酸钠接触 1h 后达标排放。反应池的剩余污泥排入污泥池，污泥池污泥沉淀后，上清液通过自流回流至调节池，少量的污泥经消毒后定期清运。

智能管控 SBBR 污水处理一体化设备的运行原理与流程图如图 8-6 所示。

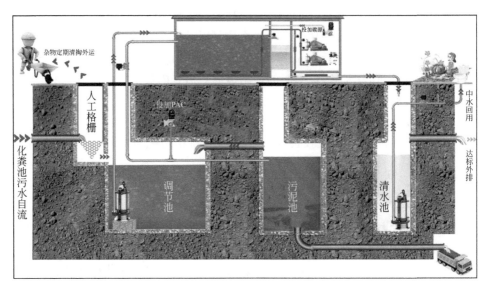

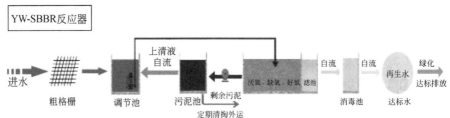

图 8-6　智能管控 SBBR 污水处理一体化设备运行原理与流程图示意

（4）处理效果

医疗废水处理：处理后水质指标可稳定达到并优于《医疗机构水污染物排放标准》（GB 18466—2005）中综合医疗机构和其他医疗机构水污染物排放限值中的排放标准。

城市污水处理及中水回用：处理后水质指标可稳定达到并优于《城市污水再生利用　城市杂用水水质》（GB/T 18920—2020）中城市杂用水水质基本控制项目及限值。

城镇污水处理：处理后水质指标可稳定达到并优于《城镇污水处理厂污染物排放标准》（GB 18918—2002）一级标准的 A 标准。

农村污水处理：处理后水质指标可稳定达到并优于《农田灌溉水质标准》

（GB 5084—2021）的旱地作物标准。

二次污染及控制措施：SBBR 工艺的一体化设备污泥产量少，减少了二次污染；设备增加保温及封闭式隔音措施，降低了空气污染及噪声污染，最大程度减轻环境影响，符合相应的《声环境质量标准》（GB 3096—2008）和《社会生活环境噪声排放标准》（GB 22337—2008）；应用"高效脱氮除磷""侧流除磷"技术（专利），最大限度地降低了药剂使用量，减少了二次污染。应用"太阳能蓄能加热与余热回收技术"，降低了设备运行能耗。

（5）经济指标

1）运行能耗低。YW-SBBR 工艺以间歇曝气方式运行；设备出水为自流出水方式，无须水泵；太阳能蓄能加热与余热回收技术。

2）后期运维费用低。无人值守，人员费用低；后期无冲洗膜等过程，无须专业人士操作；采用侧流除磷等新技术，各种药剂使用量低。

8.1.3　户级分散处理设施工艺介绍

8.1.3.1　化粪池

（1）适用范围

化粪池适用于生活污水的初级处理。

（2）主要技术内容

三格式化粪池（图 8-7）是利用重力沉降和厌氧发酵原理，对粪便污染物进行沉淀、消解的污水处理设施。沉淀粪便通过厌氧消化，使有机物分解，易腐败的新鲜粪便转化为稳定的熟污泥。上清液作为化粪池的出水进入灰水处理系统进一步处理。

三格式化粪池厌氧运行，不消耗动力。适用于水冲式厕所产生的高浓度粪便污水及家庭圈养禽畜产生的粪尿污水的预处理。

（3）主要技术指标

污水在三格式化粪池中的停留时间应根据污水量确定，水力停留时间（HRT）宜采用 12~24h。

污泥清淘周期应根据污水温度和当地气候条件确定，宜采用 3~12 个月。

化粪池有效深度不小于 1.3m，宽度不小于 0.75m，长度不小于 1.0m，圆形化粪池直径不小于 1.0m。

（4）处理效果

三格式化粪池对污染物的去除效率：COD 去除率 40%~50%，SS 去除率

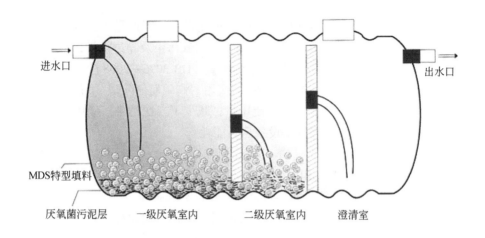

进水口

出水口

MDS特型填料

厌氧菌污泥层　　一级厌氧室内　　二级厌氧室内　　澄清室

图 8-7　化粪池

60%~70%，动植物油去除率 80%~90%，致病菌寄生虫卵去除率不小于 95%，TN 去除率不大于 10%，TP 去除率不大于 20%。

化粪池处理后出水仍然含有污染物质，不宜直接排入水体，须进入灰水处理系统进一步处理达到排放要求后方可排入环境水体，如符合农业用水标准的可用于农业灌溉。

（5）经济指标

三格式化粪池投资成本为 500~800 元/户（个）。化粪池只需农户自行定期清掏，污泥可堆肥，日常运行管理不产生费用。

8.1.3.2　净化沼气池

（1）适用范围

净化沼气池可应用于南方地区一家一户或联户农村污水的初级处理。如果有畜禽养殖、蔬菜种植和果林种植等产业，可形成适合不同产业结构的沼气利用模式。

（2）主要技术内容

厌氧发酵又称为沼气发酵，是指含有大量有机质的污水、污泥和粪便，在一定的温度和厌氧条件下，通过微生物的分解代谢，最终生成甲烷和二氧化碳等气体（沼气）的生物化学过程。

农村建设庭院独户沼气池或多户连片沼气发酵池可参照《沼气工程技术规范》（NY/T 1220.1—2006）设计和管理。沼气发酵池产生的沼液和沼渣收集后可作为肥料使用。

该技术适用于南方农村地区人畜粪便及冲厕污水（黑水）的处理，当气温较低时可采取简易的保温措施（如覆盖稻草等），以保持厌氧发酵所需温度。

（3）主要技术指标

沼气池池型宜采用圆筒形水压式沼气池，沼气池池墙、池底和水压间可采用混凝土结构，拱盖可采用无模拱法砖砌筑（表8-1）。

沼气池容积可根据家庭人口和饲养畜禽数量确定，独户沼气发酵池容积宜为 $4\sim8m^3$，多户连片沼气发酵池容积应根据户数、服务人口和处理规模等情况确定。

沼气发酵池在自然温度下发酵运行时，平均产气率的设计参数可采用 $0.15m^3/(m^3\cdot d)$，最大投料量的设计值以不大于发酵池有效容积的90%为宜。

表8-1　沼气发酵池主要技术参数

主要技术指标		设计与运行参数
产气压力	正常工作气压	≤800Pa 为宜
	池内最大气压	≤1200Pa 为宜
平均产气率（自然温度发酵）		$0.15m^3/(m^3\cdot d)$
贮气池容积		昼夜产气量的50%
最大投料量		≤发酵池有效池容的90%
使用寿命		15~20 年

（4）处理效果

沼气发酵池对污染物的去除效率为 COD 40%~50%，SS 60%~70%，致病菌寄生虫卵不小于95%。

沼气发酵池作为黑水预处理技术，处理出水仍需进一步处理，直至达标排放。

（5）经济指标

沼气池投资成本为 250~350 元/m³（池容积）；运行费用低于 0.10 元/m³（发酵料液）。

8.1.3.3　人工湿地

（1）适用范围

该技术适用于有较大空闲土地或者坑洼的地区，进行灰水处理或二级生物处理出水的再处理，可应用于农村庭院污水处理系统、小型分散污水处理系统。人工湿地适用于实行黑水与灰水分离的灰水处理，且有土地可以利用、最高地下水位大于1.0m的地区，南、北方均适用。湿地应远离地表、地下水源保护区。

（2）主要技术内容

人工湿地是由人工建造和控制运行的与沼泽地类似的地面，将污水、污泥有控制地投配到经人工建造的湿地上，污水在沿一定方向流动的过程中，主要利用土壤、人工介质、植物、微生物的物理、化学、生物三重协同作用，对污水、污泥进行处理的一种技术。人工湿地主要有表面流人工湿地、潜流人工湿地和垂直流人工湿地。

（3）主要技术指标

潜流式人工湿地的水力负荷为 $3.3 \sim 8.2 cm/d$，南方略高，北方略低；潜流湿地床层深度 $0.6 \sim 1.0m$；水力坡度 $0.01 \sim 0.02$，坡向出水一端；湿地床层自下而上各层填料的分布为：夯实黏土、防水土工膜、土壤、不同粒径和功能的砾石级配区、表层种植土。

（4）处理效果

人工湿地处理灰水的污染物去除效率 COD 40%～60%，SS 80%～90%，BOD_5 60%～80%，TN 30%～40%，TP 50%～70%。

处理后出水宜就地利用，如用于庭院浇洒、苗圃、果园或绿地灌溉。

（5）经济指标

人工湿地投资成本为 $300 \sim 500$ 元/t，运行费用低于0.1元/t。该技术适用于有较大空闲土地或者坑洼的地区，进行灰水处理或二级生物处理出水的再处理，可应用于农村庭院污水处理系统、小型分散污水处理系统。人工湿地适用于实行黑水与灰水分离的灰水处理，且有土地可以利用、最高地下水位大于1.0m的地区，南、北方均适用。湿地应远离地表、地下水源保护区。

8.1.3.4 土地处理

（1）适用范围

该工艺流程简单、运行管理方便、可靠，不滋生蚊蝇，不损害景观，适用于有可供利用的、渗透性能良好的砂质土壤和河滩等场地条件的农村地区，其土地渗透性好，地下水位深（>1.5m）。

（2）主要技术内容

土地渗滤（图8-8）将污水有控制地投配到用砂石及改良土壤充填的具有良好扩散、渗滤性能的距地面约0.5m深处的地层中，污水在毛细管浸润和土壤渗滤作用下，向周围运动而达到处理和利用目的的污水土地处理工艺。污水在土层中扩散，表层土壤中含有大量的微生物，作物根区处于好氧状态，污水中的有机污染物得到比较彻底的降解，由于负荷低，净化效果非常良好。水肥充足，作物生长繁茂。该工艺对污水的预处理要求低，一般多以化粪池作为预处理工艺，无须考虑污泥的处理问题。此外，土地处理技术包括慢速渗滤、快速渗滤等处理技术。

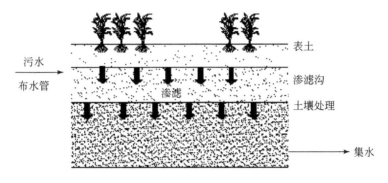

图 8-8　土地渗滤系统

（3）主要技术指标

土地快速渗滤处理系统应根据应用场地的土质条件进行土壤颗粒组成、土壤有机质含量等调整，使土壤渗透系数达到 0.36～0.6m/d；淹水期与干化期比值应小于 1，寒冷地区冬季应采用较长的休灌期，淹水期与干化期比值，一般为 0.2～0.3；渗滤层深度 1.5～2m，渗滤池的深度或围堤的高度应比污水设计深度至少多出 30cm，以便有较大的调节余地；年水力负荷为 5～120m³/（m²·a）。

（4）处理效果

土地快速渗滤系统对污染物的去除效率：COD 40%～55%，SS 不小于 90%，BOD_5 55%～75%，TN 40%～50%，NH_3-N 40%～60%，TP 50%～60%。

该系统对环境影响较小，处理出水达到相关标准后可直接用于农田、苗圃、绿地灌溉。

（5）经济指标

土地快速渗滤处理系统投资成本为 300～800 元/t，运行费用低于 0.1 元/t。该系统基本不消耗动力，管理简便，操作简单。

8.1.3.5　稳定塘

（1）适用范围

稳定塘适用于有湖、塘、洼地及闲置水面可供利用的农村地区。选择类型以常规处理塘为宜，如厌氧塘、兼性塘、好氧塘等。曝气塘宜用于土地面积有限的场合。

（2）主要技术内容

稳定塘是经过人工修整，设置围堤和防渗层的池塘，主要依靠水生生物自然净化原理降解污水中有机污染物。稳定塘可充分利用地形，构造简单，无须复杂的机械设备和装置，建设费用低；利用自然充氧，不需要消耗动力，运行费用低廉；产生污泥量少，能承受污水水量大范围的波动；处理出水可直接用于农田、苗圃、绿地灌溉。

（3）主要技术指标

稳定塘工艺调节池水力停留时间为 12～24h，水力停留时间为 4～10d，有效水深为 1.5～2.5m。

为改善稳定塘的处理效果，美化环境，应在稳定塘内种植水生植物。同时，可在塘中放养鱼类、田螺等水生生物。在常规稳定塘的基础上，向塘内投加生物膜填料，或进行鼓风曝气，或设置前置厌氧塘，可以强化稳定塘的处理效率。

（4）处理效果

稳定塘工艺对污染物的去除效率：COD 50%～65%，SS 50%～65%，BOD_5 55%～75%，TN 40%～50%，NH_3-N 30%～45%，TP 30%～40%。

处理后出水 COD 不高于 100mg/L，SS 不高于 30mg/L，可直接回用于农田灌溉。

（5）经济指标

稳定塘系统投资成本为 200～300 元/t，运行费用低于 0.1 元/t。

该系统消耗动力少，管理简便，操作简单。

8.1.3.6　厌氧滤池（沼气净化池）法

（1）适用范围

该技术适用于庭院污水处理系统、多户连片污水处理系统和小型集中处理系统的生活污水处理，也适用于普及水冲式厕所的地区。水冲式厕所产生的黑水可直接进入该处理系统，该系统无需曝气，除进水外基本不消耗动力，运行费用低，建设投资省，适宜在农村推广。处理后出水可直接用于农田、苗圃、绿地灌溉。

（2）主要技术内容

污水厌氧滤池（沼气净化池）是一种装填滤料的厌氧反应器。厌氧微生物以生物膜的形式生长在滤料表面，污水通过淹没的滤料床，在生物膜的吸附、代谢和滤料的截留作用下，污水中的有机污染物得以分解和去除。

（3）主要技术指标

生活污水厌氧滤池（沼气净化池）的总水力停留时间为 1～2d；前处理区宜组合两级厌氧发酵池，池容占总有效池容的 50%～70%。后处理区应为折流式厌氧生物滤池，宜分为四格，均与大气相通，均安放半软性填料，或安装其他高效填料；填料体积宜为后处理区容积的 30%～70%；污水发酵池进水管道最小设计坡度宜为 0.04, 进出水液位差应根据填料形式确定, 但不宜小于 60mm。后处理区厌氧滤池应设通风孔, 孔径不宜小于 100mm。

为保证污水沼气净化池正常运行, 要求冬季水温保持在 10℃ 以上。

（4）处理效果

生活污水厌氧滤池（沼气净化池）对污染物的去除效率：COD 75%~80%, SS 70%~90%, BOD_5 80%~90%, 寄生虫卵去除量不小于 95 个/L。

（5）经济指标

该系统建设投资为 1200~1500 元/t, 运行费低于 0.20 元/t 污水。

8.1.3.7 单元化组合式农村户用污水处理设备

（1）适用范围

该技术设备主要适用于地形复杂、居住分散的农村地区。

（2）主要技术内容

单元化组合式农村户用污水处理设备是由多个单元组合而成, 包括调节单元、布水单元、处理单元以及排水单元, 农户产生的生活污水经调节单元调节水量水质后, 通过布水单元均匀投配至处理单元, 处理单元作为该设备最重要的单元, 可根据进水水质和出水要求, 人为地组合、增加、替换填料模块, 最终通过处理单元中不同模块的净化作用, 处理达标后经排水单元排出。

单元化组合式农村户用污水处理设备见图8-9。

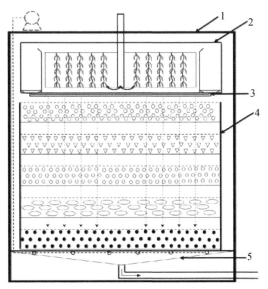

图 8-9 单元化组合式农村户用污水处理设备示意
1. 箱体；2. 调节单元；3. 布水单元；4. 处理单元；5. 排水单元

1）调节单元。主要用途有两方面：一方面为污水过滤，去除污水中大粒径固体物质和毛发；另一方面，调节水量均化水质，避免对后续污水处理设施造成冲击，提高微生物降解性，提升后续处理效率。池内放置固体填料，为厌氧微生物提供附着场所，材料放置形式为悬挂式、浮挂式、悬浮式，材质为低压聚乙烯/聚丙烯、合成纤维、聚氨酯等。

2）布水单元。布水单元固定在调节单元下方，用于将污水分布投配到处理单元。污水由管道进入布水单元，布水单元分为左右两部分，结构相同，相互联通。每部分分为外、中、内层，三层之间联通，通过循环流动的形式，将污水均匀分配到处理单元。

3）处理单元。该设备的处理单元可根据进水水质或出水要求，通过不同模块的组合，满足不同处理要求。主要模块有沸石模块、碎石模块、炉渣模块、焦炭模块、卵石模块、活性炭模块等。

4）排水单元。排水单元通过承托板将出水收集和处理单元隔开，处理过后的污水经承托板上的排水孔流入出水收集装置。

（3）主要技术指标

1）单元化组合：解决原有处理工艺长流程的问题，采用不同功能的结构单元于一体。

2）分质处理：根据进水水质、出水要求调整组合填料，满足处理要求。

3）资源化利用：处理达标后的出水可收集用于农户日常生产生活。

（4）处理效果

采用该设备对农村灰水进行处理，灰水污染物浓度较低，处理单元选用的填料模块为卵石填料模块+沸石填料模块+炉渣填料模块，通过该设备的处理，出水可稳定达到《农田灌溉水质标准》（GB 5084—2021）、《城市污水再生利用绿地灌溉水质》（GB/T 25499—2010）（表 8-2）。

表8-2 设备污水去除效果

指标	COD	BOD_5	氨氮	总氮	总磷
进水/（mg/L）	115	43	25	33	4.7
出水/（mg/L）	<80	<20	<15	<25	<2
去除率/%	>30	>53	>40	>21	>57

（5）经济指标

1）造价低。该设备制造使用的材料均为常见物品，通过对材料的合理搭配组合，优化设备结构等，降低设备的制造成本，减少农户购置设备的负担。

2）能耗低。该设备根据农村生活污水水质，采用无动力形式的设计对污水进行处理，对于污染物浓度高的污水可通过调整处理单元的模块组合提高污水处理效果，减少处理过程中电的使用。

3）运维简易。该设备构造简单，处理效果较好，后期仅需有选择性地更换处理单元内的填料模块，无须整体更换，农户经简单培训即可对设备进行运行维护，减少后期运维费用的投入。

4）市场广阔。根据国家统计局发布的 2021 年中国统计数据，全国现有乡镇共 38 741 个，农村户数 186 650 198 户，乡村人口 50 992 万人，占全国人口的 36.11%。该设备的研发主要面对广大农村地区，应用领域广泛，通过与纳厂、集中处理模式结合，将会极大提高农村生活污水的处理水平。

8.2 畜禽养殖粪污处理技术

8.2.1 规模以上畜禽养殖粪污治理

8.2.1.1 畜禽粪便堆肥发酵技术

（1）技术原理

堆肥发酵是指在有氧条件下，微生物通过自身的生物代谢活动，对一部分有机物进行分解代谢，以获得生物生长、活动所需要的能量，把另一部分有机物转化合成新的细胞物质，使微生物生长繁殖，产生更多的生物体。同时，好氧反应释放的热量形成高温（>55℃）杀死病原微生物，从而实现畜禽粪便减量化、稳定化和无害化处理。

（2）技术类别

1）自然堆肥。自然堆肥是指在自然条件下将粪便拌匀摊晒，降低物料含水率，同时在好氧菌的作用下进行发酵腐熟。

该技术投资小、易操作、成本低。但处理规模小、占地大、干燥时间长，易受天气影响，且堆肥时产生臭味、渗滤液等环境污染。该技术适用于有条件的小型养殖场。

2）条垛式主动供氧堆肥。条垛式主动供氧堆肥是将混合堆肥物料成条垛式堆放，通过人工或机械设备对物料进行不定期的翻堆，通过翻堆实现供氧。为加快发酵速度，可在垛底设置穿孔通风管，利用鼓风机进行强制通风。条垛的高度、宽度和形状取决于物料的性质和翻堆设备的类型。

该技术成本低，但占地面积较大，处理时间长，易受天气的影响，易对大气及地表水造成污染。该技术适用于中小型畜禽养殖场。

3）机械翻堆堆肥。机械翻堆堆肥是利用搅拌机或人工翻堆机对肥堆进行通风排湿，使粪污均匀接触空气，粪便利用好氧菌进行发酵，并使堆肥物料迅速分解，防止臭气产生。

该技术操作简单，生产环境较好。但一次性投资较大，运行费用较高。该技术适用于大中型养殖场。

4）转筒式堆肥。转筒式堆肥是指在可控的旋转速度下，物料从上部投加，从下部排出，物料不断滚动从而形成好氧的环境来完成堆肥。

该技术自动化程度较高，生产环境较好。但一次性投资较大，运行费用较高。适用于中小型养殖场。

8.2.1.2 粪便生物发酵床技术

（1）技术原理

生物发酵床技术是按一定比例将发酵菌种与秸秆、锯末、稻壳以及辅助材料等混合，通过发酵形成有机垫料，将有机垫料置于特殊设计的畜棚内，利用微生物对粪便进行降解、吸氨固氮而形成有机肥。

（2）工艺类型与技术经济适用性

该技术能使粪尿在畜棚内充分降解，养殖过程无污染物排放，能够实现养殖过程清洁生产。与传统方法相比，具有操作简单、节约水资源等优点，适用于中小型养殖场。发酵床按建设模式不同可分为地上式、地下式和半地下式。

地上式发酵床优点是能够保持畜棚干燥，防止高地下水位地区雨季返潮，但建设成本较高，适用于南方地区以及江、河、湖、海等地下水位较高的地区；地下式发酵床优点是建设成本相对较低、保温性能好，但透气性较差，且日常养护成本较高，适用于北方干燥或地下水位较低的地区。

8.2.1.3 粪便污厌氧消化

（1）技术原理

畜禽粪污厌氧消化技术是指在厌氧条件下，通过微生物作用将畜禽粪污中的有机物转化为沼气的技术。该技术可降低畜禽粪污中有机物的含量，并可产生沼气作为清洁能源。发酵后的沼气经脱硫脱水后可通过发电、直燃等方式实现利用，沼液、沼渣等可以作为农用肥料回田。

（2）工艺类型及技术适用性

1）连续搅拌反应器（CSTR）技术。连续搅拌反应器技术是指在一个密闭厌氧消化池内完成料液的发酵、产生沼气的技术。发酵原料的含固率通常在8%左右，通过搅拌使物料和微生物处于完全混合状态，一般采用机械搅拌。投料方式可采用连续投料或半连续投料方式，反应器一般运行在中温条件（35℃左右），在中温条件下的停留时间为20~30d。

该技术可以处理高悬浮固体含量的原料，消化器内物料均匀分布，避免了分层状态，增加了物料和微生物接触的机会。该工艺处理能力大，产气效率较高，便于管理，适用于大型和超大型沼气工程。

2）升流式固体厌氧反应器（USR）技术。升流式固体厌氧反应器技术是指原料从底部进入反应器内，与反应器里的厌氧微生物接触，使原料得到快速消化的技术。未消化的有机物和厌氧微生物靠自然沉降滞留于反应器内，消化后的上清液从反应器上部溢出，使固体与微生物停留时间高于水力停留时间，从而提高了反应器的效率。USR技术对布水均匀性要求较高，需设置布水器（管）。为了防止反应器顶部液位高度发生结壳现象，建议在反应器顶部设置破壳装置。USR运行温度与停留时间与CSTR基本相同，目前国内多采用中温发酵。

该技术优点是处理效率较高、管理简单、运行成本低，适用于中、小型沼气工程。

3）升流式厌氧污泥床（UASB）技术。UASB由反应区、气液固三相分离器（包括沉淀区）和气室三部分组成。在反应区内存留大量厌氧污泥。污水从厌氧污泥床底部流入，与反应区中的污泥进行混合接触，污泥中的微生物将有机物转化为沼气。污泥、气泡和水一起上升进入三相分离器实现分离。同时，由于畜禽养殖废水中悬浮物含量较高，因此畜禽养殖废水UASB有机负荷不宜过高，采用中温发酵时，通常为5kgCOD/（m³·d）左右。

该技术优点是反应器内污泥浓度高，有机负荷高，水力停留时间长，无须混合搅拌设备。缺点是进水中悬浮物需要适当控制，不宜过高，一般在1500mg/L以下；对水质和负荷突然变化较敏感，耐冲击力稍差。该技术适用于大中型养殖场污水处理的预处理。

8.2.1.4 饲料化利用技术

（1）技术原理

畜禽粪污中含有丰富的营养成分，经适当处理后可杀死病原菌，用作饲料可改善适口性，并能提高畜禽的蛋白质的消化率和代谢能力。

（2）工艺类型及技术适用性

干燥法：可分为多层通风干燥、机械搅拌干燥和加热快速干燥等。干燥法可以杀死粪便中的致病菌、有害微生物和虫卵，达到饲料生产的卫生标准。

直接饲料法：直接饲料法在鸡粪中应用较多。畜禽粪便中含有未被完全消化的蛋白质、维生素、矿物质等,但粪便中含有病原微生物,存在矿物质含量过高、能量不足和农药残留等缺点,必须通过无害化处理才能成为畜禽饲料。

发酵法:发酵后饲料法可以去除臭味,同时杀灭有害菌。为确保青贮质量,需要添加植物性饲料混合密封发酵,并保证青贮原料的含糖量和水分适宜。发酵法可以增加粗饲料中蛋白质含量,增加饲料的营养价值,延长饲料的保存时间。

化学药剂处理法:化学药剂处理饲料法成本较高,一般利用氢氧化钠、乙酸等对畜禽粪便进行处理,去除有害微生物、杀死虫卵和消除臭味。

8.2.1.5 废水治理技术

(1) 技术原理

畜禽养殖废水处理技术是指依赖有氧条件下优势菌种的生化作用完成污水处理的工艺。废水中的污染物在微生物的作用下,转化为二氧化碳、氮气、硝酸盐氮等无机物。

(2) 工艺类型与技术经济适用性

1) 废水自然处理技术。畜禽废水自然处理技术包括土地处理技术和氧化塘处理技术。按运行方式的不同,土地处理技术可分为慢速渗滤处理、快速渗滤处理、地表漫流处理和湿地处理等技术。氧化塘按照优势微生物种属和相应的生化反应的不同,可分为好氧塘、兼性塘、曝气塘和厌氧塘 4 种类型。

好氧塘的水深通常在 0.5m,BOD_5 去除率高,在停留 2 ~ 6d 后可达 80% 以上。兼性塘较深,一般在 1.2 ~ 2.5m,可分为好氧区、厌氧区和兼性区,在多种微生物的共同作用下去除废水中的污染物。厌氧塘有单级厌氧塘和二级厌氧塘。在处理畜禽废水时,二级厌氧塘比一级厌氧塘处理效果好。曝气塘一般水深 3 ~ 4m,最深可达 5m,塘内总固体悬浮物浓度应保持在 1% ~ 3%。

自然处理法基建投资少,运行管理简单,耗能少,运行管理费用低。但是,自然处理工艺占地面积大,净化效率相对较低,适用于具备场地条件的中小型养殖场污水处理。

2) 完全混合活性污泥法。完全混合活性污泥法是一种人工好氧生化处理技术。废水经初次沉淀池后与二次沉淀池底部回流的活性污泥同时进入曝气池,通过曝气废水中的悬浮胶状物质被吸附,可溶性有机物被微生物代谢转化为生物细胞,并被氧化成为二氧化碳等最终产物。曝气池混合液在二次沉淀池内进行分离,上层出水排放,污泥部分返回曝气池,剩余污泥由系统排出。完全混合活性污泥法停留时间一般为 4 ~ 12d,污泥回流比通常为 20% ~ 30%。BOD_5 有机负荷率一般为 0.3 ~ 0.8kg/(m^3·d),污泥龄为 2 ~ 4d。

完全混合活性污泥法的特点是:承受冲击负荷的能力强,投资与运行费用低，便于运行管理。缺点是：易引起污泥膨胀，出水水质一般。该技术适用于中小型养殖场污水处理。

3）序批式活性污泥法（SBR）。序批式活性污泥法是集均化、初沉、生物降解、二沉等功能于一池，无污泥回流系统的一种处理工艺。序批式活性污泥法（SBR）停留时间一般为 3～5d，污泥回流比通常为 30%～50%。BOD_5 有机负荷率通常为 0.13～0.3kg/（m^3·d），污泥龄为 5～15d。

该工艺可有效去除有机污染物，工艺流程简单，占地少，管理方便，投资与运行费用较低，出水水质较好，适用于大中型养殖场污水处理。

4）接触氧化工艺。生物接触氧化法也称淹没式生物滤池，其在反应器内设置填料，经过充氧的废水与长满生物膜的填料相接触，在生物的作用下，污水得到净化。接触氧化工艺停留时间通常为 2～12d，BOD_5 有机负荷率通常为 1.0～1.8kg/（m^3·d）。

生物接触氧化法具有体积负荷高、处理时间短、占地面积小、生物活性高、微生物浓度较高、污泥产量低、不需要污泥回流、出水水质好、动力消耗低等优点，但由于生物膜较厚，脱落的生物膜易堵塞填料，生物膜大块脱落时易影响出水水质。该技术适用于大中型养殖场污水处理。

8.2.2 规模以下畜禽养殖粪污治理

以单户或多户为治理单元的畜禽养殖污染治理项目，主要是配置粪便清扫工具、收集车、户用沼气池（沼气净化池）、小型堆肥设备等。

建设分户或联户沼气处理设施的村庄，应聘请专业技术人员定期检查产气池、储气池等设施设备，及时更换破损配件，确保设施正常运行。

8.3 垃圾治理

我国垃圾分类体系落后，各种垃圾混合处理是制约现有的垃圾堆肥、垃圾焚烧技术处理效率的重要因素。因此，农村生活垃圾处理的首要任务是加快垃圾分类回收体系的构建，结合垃圾分类及资源回收，对不能利用的垃圾再选择填埋或焚烧的综合处理技术。

8.3.1 分拣与分类收集技术

1）应按照村镇生活垃圾分类，加强对村镇居民和农户实施垃圾分类的教育和管理。

2）应向村民发放垃圾分拣包装物并在小区和村庄设置不同颜色的垃圾分类收集箱。

3）村镇生活垃圾的收集应做好密封和防渗漏，不宜使用露天垃圾槽堆存垃圾，有毒有害垃圾应妥善收集、存放。

8.3.2　简易填埋技术

（1）技术说明

简易填埋是针对村镇居民排放或废弃的炉渣、灰土和砖瓦等无毒无害的惰性垃圾，结合村镇生活垃圾处理实际需要，不考虑针对有机物腐败分解污染防治工程措施进行堆存填埋的垃圾处理特别技术。简易填埋处理可在县级垃圾处理规划指导下，由乡镇单位进行规划实施。简易填埋垃圾不应混入包装类垃圾，如有混入，应严格控制在5%以下。符合环境管理要求的惰性垃圾可以作为村庄道路硬化的材料直接加以利用。

（2）主要技术指标

简易填埋处理场的最终处置目标，应结合造地进行林地复垦，实施植树造林。

简易填埋处理可将垃圾堆高或填平低洼坑塘沟洞，垃圾堆高的高度或填平的深度控制±10m以内。

简易填埋处理一般采用自然防渗方式，应尽可能选择在土质抗渗透性强、土层厚、地下水位较深、远离居住和人口聚集区、地质较稳定的地方。

就地实施惰性垃圾简易填埋时，场址宜选在村庄主导风向下风向，应优先选用废弃坑地，应选择远离水源地和耕地的适合填埋的场所，如取水井周围或河滩地等，不可设在村庄水源保护范围内。

（3）消耗及污染物排放

惰性垃圾的填埋处置应因地制宜地使用天然的廉价防渗材料，采用简易防渗处理技术（如铺设黏土层），防止污染地下水和地表水。

简易填埋场周围需设置简易的截洪、排水沟，防止雨水侵入。填埋作业时要坚持及时对垃圾覆土，并采取消毒、灭蝇措施。

（4）技术经济适用性

该技术适用于不可腐烂垃圾，包括燃煤炉渣、建筑灰土、废弃砖瓦等惰性垃圾的处理。填埋的惰性垃圾中混入的少量有机垃圾经过1年左右基本腐熟，经筛拣后可以作为改良土壤使用。必要时，场地可循环使用。

除了人工成本外，简易填埋处置基本无须建设投资。但应设专人负责填埋场地的日常管理，维护场地使用规则，保持场地环境卫生。

8.3.3 庭院堆肥（开放式好氧堆肥）资源化利用技术

（1）技术说明

庭院堆肥采用开放式好氧堆肥方法，可在庭院内圈围成1m³左右的空间，用于堆放可腐烂的有机垃圾，围栏材料可就地取材（如荆条、木条、钢筋或其他材料）。

（2）技术参数

简易式堆肥堆高在1.5m左右，断面面积在1m²左右；堆肥时间一般2～3个月以上。堆肥场地可选择庭院内，用以消纳自家产生的有机垃圾和人畜粪便。堆肥装置底部可作防渗处理，再覆盖0.1m的碎石作导气层进行自然通风、供氧。判断堆肥腐熟程度，可以根据其颜色、气味、秸秆硬度、堆肥浸出液、堆肥体积来判断。堆肥控制：碳氮比为20：1～30：1；腐化系数为30%左右；堆肥的起始含水率为50%～60%；密度为350～650kg/m³；含氧量保持在5%～15%比较适宜。腐熟后的堆肥可自然风干，3～4周后即可作为有机肥直接利用。

独户家庭的堆肥处理装置可就地取材（如木条、树木枝丫、砖石、钢筋或其他材料），在庭院或田间围成1m³左右的空间，用于堆放可堆肥的有机垃圾。堆肥时间一般2个月以上。

（3）消耗及污染物排放

有机垃圾集中堆肥过程中会产生恶臭，在庭院里进行家庭堆肥处理需要远离居室和水井，表面需用土覆盖，堆肥装置宜设在庭院角落；堆肥产生的渗滤液可用于堆肥拌料和就地利用于庭院种植施肥，堆垛应覆盖遮雨材料，防止雨水淋洗堆垛造成环境污染。

（4）技术经济适用性

与集中、大型的好氧堆肥系统相比，庭院式堆肥具有简便实用、无费用和实现源头减量化等特点。

该技术适用于村镇独户家庭产生的可生物降解的有机垃圾（可腐烂的垃圾）的无害化处理和资源化利用。

8.3.4 好氧堆肥资源化利用技术

（1）技术说明

好氧堆肥技术是利用微生物高温（不低于65℃）腐熟原理，将有机垃圾降解并转化为有机肥的过程包括开放式好氧堆肥法和密闭式好氧堆肥法。

开放式好氧堆肥法采用机械或人工方式把堆肥物料堆成长条形或圆形的堆垛，借助翻垛的自然复氧，经过较长时间（2～3个月）堆腐，最终形成有机肥料。

密闭式好氧堆肥法相对于开放式好氧堆肥法而言是一种快速堆肥技术，通过采取强制通风和（或）机械翻堆方式提供堆肥的好氧条件，依靠微生物的吸收、氧化、分解作用，将有机类垃圾分解为植物可利用态，实现有机物稳定化、无害化的过程。

（2）主要技术指标

在堆肥过程中，微生物对有机物的好氧分解是在堆料间隙中垃圾颗粒表面的一层液态膜中进行的。改善垃圾颗粒间隙生态微环境的主要方法是控制堆体的碳氮比、含水率、温度、孔隙率等；碳氮比 25 : 1～40 : 1；含水率 40%～55%；含氧量 16%～18%；温度 55～65℃；pH 6.5～7.5。通常一次发酵时间为 7～15d，二次发酵时间为 15～30d，整个堆肥周期为 30～45d。有机物经过堆肥腐熟后，可进一步加工成有机肥或有机无机复混肥。

（3）能耗及污染物排放

密闭式垃圾堆肥的能源消耗主要是采用机械方式翻堆的设备油耗或电耗，包括维持好氧状态的风机、堆肥物料的粉碎搅拌及自动控制等设备运转所消耗的电力资源。密闭式垃圾堆肥过程中会产生恶臭气体，混合性气体包含硫氢化合物、氮氢化合物、甲烷、二氧化碳等。此外，还会产生少量垃圾渗滤液。

（4）技术经济适用性

开放式好氧堆肥资源化利用技术适用于农村生活有机垃圾规模化集中式快速堆肥，处理可腐烂的有机生活垃圾、人畜粪便以及村镇生活污水处理产生的污泥等。产生的堆肥产品是肥效较好的优质有机肥，可施于各种土壤和作物。

堆肥场建设投资省，除需配备必要的垃圾运送、堆肥工具以及日常管理设施外，只需平整一块土地作为堆场。运行成本低，运行费主要是用于收集、分拣人工费、运输车辆油耗及少量清洁用水等；维护费仅用于运输车辆、收集容器、堆肥设施的维护，堆肥过程中无水、电、药耗等。垃圾堆熟后，有机质结构、颗粒大小、含水率等指标更适合农用，可以生产复混有机肥，即将堆肥产品烘干、粉碎后按一定比例与磷酸铵、氯化钾、过磷酸钙等混合造粒后成为优质缓释复合肥。

8.3.5 厌氧发酵产沼气资源化利用技术

（1）技术说明

厌氧发酵产沼气法生活垃圾处理处置技术，与沼气发酵池法处理粪尿污水相同，可对村庄单独收集的有机垃圾以及人畜禽粪便一并进行处理。

有机物质（如厨余垃圾、人畜家禽粪便、秸秆、杂草等）在一定的水分、温度和厌氧条件下，通过种类繁多、数量巨大且功能不同的各类微生物的分解代谢，最终生成甲烷和二氧化碳等混合性气体（沼气）。

该技术具有过程可控、易操作、降解快、过程全封闭、回收利用率高等特点，人畜禽粪、作物秸秆、杂草菜叶、有机污水等都可以作为沼气发酵原料。厌氧消化技术在消纳大量有机废物的同时，可获得高质量的沼气，可作为村镇新能源，实现生物质能的多层次循环利用。

（2）主要技术指标

厌氧发酵池污泥浓度介于 10~30gvss/L，原液 pH 为 6~8，发酵过程有机酸浓度不超过 3000mg/L 为佳（以乙酸计）。当池温在 20℃ 以上时，产气率可达 $0.4m^3/(m^3 \cdot d)$；当池温不低于 15℃ 时，不低于 $0.15m^3/(m^3 \cdot d)$。

（3）能耗及污染物排放

发酵的能源消耗主要用于维持厌氧反应温度和污泥泵、污水泵（进出料系统）、搅拌设备和沼气压缩机等设备的运转。人及畜禽粪便配合一定比例的秸秆等含碳有机物，通过厌氧消化产生沼气，同时副产沼液、沼渣，沼液可直接还田利用，沼渣应进行高温好氧堆肥利用。

（4）技术经济适用性

该技术适用于餐余、人畜禽粪、秸秆、生活污水污泥等有机垃圾的集中处置。当气温较低时可采取保温措施以达到厌氧发酵温度要求。

8.4 农业面源污染治理技术措施

8.4.1 测土施肥

（1）技术原理

测土配方施肥是以土壤养分化验结果和肥料田间试为基础，根据农作物需规律、土壤供肥性能和肥料效应，在合理施用有机肥的基础上，提出氮、磷、钾和中、微量元素等肥料的施用数量、施用时期及施用方法。有针对性地补充作物所需营养元素，作物缺什么元素就补充什么元素，需要多少就补充多少，使各种养分平衡供应，满足农作物的需求，达到提高农作物产量、改善农产品品质、提高化肥利用率、节约成本、增加收入的目的。

（2）技术特点

测土配方施肥包括三个过程：一是对土壤中的有效养分进行测试，了解土壤养分含量的状况，这就是测土；二是根据种植作物的目标产量，作物的需肥规律及土壤养分状况，计算出需要的各种肥料及用量，这就是配方；三是把所需的各种肥料进行合理安排，做基肥、种肥和追肥及施用比例和施用技术，这就是施肥。三者关系为：测土是基础，配方是产前的计划，施肥是生产过程的实践。三个环节中最主要的是施肥，最具特色的是测土。

测土施肥有以下作用。

1）节本增收。减少农业生产物资投入，提高农作物产量，促进节本增收。

2）提高产量，改善品质。因测土配方施肥能改变偏施氮肥的习惯，调节作物的养分平衡，降低农产品硝酸盐的含量，防止水果变酸和蔬菜、瓜果畸形等，从而改善农产品品质。

3）培肥地力。对土样多次检测的统计结果表明，土壤肥力有明显提高。

4）改善土壤，减少污染。通过测土配方施肥，能有效降低施肥对环境带来的负面影响，减少土壤污染，提高土壤肥力。

5）提高肥料利用率。施肥结构不合理，化肥利用率低，会浪费大量化肥。通过开展测土配方施肥，采用科学施用方法，当季化肥利用率比习惯施肥可提高5%~10%。

6）实现农业可持续发展。开展测土配方施肥，可实现制度上的重大改革，纠正施肥上的盲目性，达到合理科学施肥的目的。通过科学合理施肥，可保护良好的农业生态环境，促进农业生产的良性循环和持续发展。

（3）主要技术参数

1）配方肥料种类。根据土壤性状、肥料特性、作物营养特性、肥料资源等综合因素确定肥料种类，可选用单质或复混肥料自行配制配方肥料，也可直接购买配方肥料。

2）施肥时期。根据肥料性质和植物营养特性，适时施肥。植物生长旺盛和吸收养分的关键时期应重点施肥，有灌溉条件的地区应分期施肥。对作物不同时期的氮肥推荐量的确定，有条件区域应建立并采用实时监控技术。

3）施肥方法。常用的施肥方式有撒施后耕翻、条施、穴施等。应根据作物种类、栽培方式、肥料性质等选择适宜施肥方法。例如，氮肥应深施覆土，施肥后灌水量不能过大，否则造成氮素淋洗损失；水溶性磷肥应集中施用，难溶性磷肥应分层施用或与有机肥料堆沤后施用；有机肥料要经腐熟后施用，并深翻入土。

8.4.2 农田生态沟渠（植草沟）改造

（1）技术原理

植草沟是指种植植被的地表沟渠排水系统，农田退水径流以较低的流速经植草沟滞留、植物过滤和渗透的作用，径流中的多数悬浮颗粒污染物和部分溶解态污染物得以有效去除。植草沟技术作为生态排水体系的重要组成部分与其他一系列处理设施组合应用，建立生态排水体系，控制和削减进入受纳水体的径流污染负荷，在完成输送功能的同时达到农田退水的收集与净化处理。

（2）技术特点

植草沟适用于道路、广场、停车场等不透水面的周边，城市道路及城市绿地等区域，也可作为生物滞留设施、湿塘等低影响开发设施的预处理设施。植草沟也可与雨水管渠联合应用，场地竖向允许且不影响安全的情况下也可代替雨水管渠。

植草沟具有建设及维护费用低、易与景观结合的优点，但已建城区及开发强度较大的新建城区等区域易受场地条件制约。

（3）主要技术参数

1）纵坡坡度。植草沟纵坡坡度不应大于 4%，纵坡较大时宜设置为阶梯型植草沟或在中途设置消能台坎。

2）边坡系数。植草沟宽度的确定应遵循如下原则：保证处理效果、实现转输目标、满足景观要求、便于维护管理、保障公众安全。受场地因素限制，植草沟的宽度一般根据建设预留地的范围来确定。边坡系数取值宜处于 0.1 ~ 0.25。

3）植物配型。渗透型植草沟有渗透、滞蓄、净化雨水径流的作用；两侧选择乡土植物侧柏、接骨木、小蘖、紫薇、白花车轴草、金盏菊、月见草等植物。沟内种植具有耐水湿、耐涝、耐旱等生长习性，选择吸收能力强，对径流污染物有一定的净化效果，特别是氮、磷去除能力强的植物。主要种植植物为水生美人蕉、西伯利亚鸢尾、黄菖蒲、千屈菜、旱伞草、花叶芦竹、金叶石菖蒲等。

8.4.3 生态缓冲带

（1）技术原理

生态缓冲带指陆地生态系统与河湖水域生态系统之间的连接带和过渡区，包括从河湖多年平均最低水位线向陆域延伸一定距离的空间范围，其主要功能是隔离人为干扰对河湖的负面影响，保护河湖生物多样性，减少面源污染。

（2）技术特点

一是控制水土流失，防止河床冲刷，减少泥沙进入河道。

二是利用缓冲带植物的吸附和分解作用，减少来自农业区的氮磷等营养物质进入河道，形成控制面源污染的最后一道防线，达到保护和改善水质的目的。

三是缓冲带在溪流沿岸构成了一定自然风景线，美化了河流生态景观，改善了人居环境。

四是为鸟类等野生动物提供了栖息场所。

五是促进生态农业、观光农业、休闲农业的协调发展，增加群众收入，实现经济效益和生态效益双赢。

（3）主要技术参数

1）水文及地质特征。水文地质条件具有内在可变性，其对植被缓冲带截留效果的影响主要体现在对土壤和植被的影响。当地下水位较高时，缓冲带植被的根系和土壤可与径流充分接触，从而提高植被缓冲带对径流中氮磷污染物的拦截效率；当地下水位较低时，则大大降低植被缓冲带的拦截效率。

径流强度和流速是影响缓冲带截留效率的一个重要因素。降雨强度越高，径流量越大，缓冲带中污染物的流失越明显；径流流速越高，径流通过缓冲带时越不利于污染物与土壤植被的接触，影响污染物的下渗过程，从而降低了阻控污染物的效率。

不同径流流态也是影响缓冲带阻控效果的关键因素。当径流以集中流状态流过缓冲带时，污染物的去除率明显高于均匀流流过缓冲带时的截留效率。

2）土壤特性。缓冲带中土壤的特性，如有机碳含量、土壤质地、土壤微生物含量、土壤结构和 pH 等都是影响缓冲带污染物截留效率的关键因素。这些因素的变化可改变缓冲带中径流流速和路径，引起土壤的渗透性、吸附污染物的能力及微生物活性的差异，进而影响缓冲带各生态功能的发挥。

3）污染物类型和形态。污染物来源、种类和形态不同，缓冲带对其阻控效率也有所不同。其中，氮通常以硝态氮、氨态氮等可溶性氮，以及与颗粒物结合的吸附态氮和有机残体的有机态氮等形式存在；磷主要有可溶性磷、颗粒态磷和有机态磷；农药包括溶解态和颗粒物吸附态。当径流中的这些污染物通过缓冲带时，颗粒吸附态污染物的削减率最高，而溶解态污染物的阻控效率最低。具有强吸附性的农药污染物，由于易被颗粒物吸附，被截留的效率较高；弱或中度吸附性农药污染物被吸附的可能性小，缓冲带对其截留的效率相对较低。

4）缓冲带坡度。缓冲带坡度是农业面源污染物削减的重要影响因素。坡度影响着地表径流速度和地表下渗量，由于受到重力作用，坡度增大，地表径流流速加快，缓冲带的拦截效果降低；若坡度过大，将造成地表径流流速不均，导致坡面水流形成集中水流，则会增大对地表的侵蚀；适宜的坡度有利于延长地表径流在缓冲带中的滞留时间，从而提高对地表径流中污染物的吸附、沉淀、过滤和降解的效果。为保持一定的截留效率和缓冲带宽度，缓冲带的坡度不应高于15%，适宜的坡度为2%~8%。

5）缓冲带宽度。河岸植被缓冲带宽度是影响其农业面源污染阻控功能的最主要因素。如果宽度较窄，则达不到截留污染物效果；缓冲带越宽，可供径流下渗的面积则越大，能截留悬浮颗粒物的植被越多，对径流中污染物的阻控效果也越明显，但同时也会造成土地资源浪费和管护成本提高，因而不利于社会经济的可持续发展。

6）植被种类和布局。缓冲带植物种类、植被覆盖度和植物不同的生长阶段均会影响缓冲带对污染物的截留效率。按照缓冲带植被组成的不同，可将其划分为草地缓冲带、灌木缓冲带、乔木缓冲带，以及上述至少两种植被构成的复合缓冲带。

8.4.4 前置库技术

（1）技术原理

前置库技术是借助天然生态系统的物理沉淀、化学降解和生物分解等作用，根据水库从上游到下游的水质浓度梯度变化特征，结合水库的结构，将水库分为一个或者若干个子库与主库相连，通过延长水力停留时间，促进水中泥沙及营养盐的沉降，同时利用子库中大型水生植物、藻类等沉积作用、过滤作用、化学作用、吸附作用、微生物作用削减可能进入河流、湖泊、水库的氨氮、总磷和农药，从而降低进入下一级子库或者主库水中的氮、磷营养物质及农药，抑制主库中藻类过度繁殖，减缓富营养化进程，实现污水净化的一种新型污水生态处理工艺。

（2）技术特点

典型的前置库由预沉池和主反应区构成。河水在预沉池中充分沉降泥沙、颗粒物，在主反应区内通过物理化学及生物的作用加速氮磷、有机物等的去除。近年来，随着面源污染控制技术的不断完善和发展，人们根据不同的水质要求，在传统前置库结构的基础上将其进一步优化发展，主要细分为4个功能区：调蓄沉淀区、拦截沉降区、强化净化区以及导流导回用区。在前置库中，受污染径流首先进入调蓄沉淀区，进行水量调蓄、水质的缓冲及泥沙的初步沉降，再经溢流坝进入生态拦截沉降区,进行跌水富氧的同时拦截颗粒物,沉降泥沙,削减部分氮、磷等污染物负荷,然后进入生态塘等强化净化区,经由物理化学及生物的综合作用,使得氮磷、有机物等被加速去除,处理后的水再做排放或回用。导流系统则用来防止超过设计暴雨强度的径流的影响。

(3) 主要技术参数

前置库的主要设计参数宜根据前置库进出水水量、水质确定。设计水力负荷不宜高于 $0.5m^3/(m^3 \cdot d)$,设计水力停留时间宜不低于2d,宜4~8d。前置库库区水深应考虑水生植物生长条件,平均水深不宜超过3m。前置库出水最低水位应高于下游湖泊或者主库常水位。

第9章 清淤疏浚技术

9.1 原位修复技术

（1）技术原理

原位修复技术是指不移动污染沉积物，直接在发生污染的位置进行污染治理的方法措施。相对于异位修复，它具有技术简单、处理成本低，可以进行大规模工程化处理的优点。目前，可将研究和应用较为广泛的原位修复技术按其修复原理分为物理、化学和生物修复三大类。

（2）技术类型

1）物理修复技术。包括截污、引水、覆盖、曝气、洗脱等技术。

a. 截污技术是黑臭水体污染治理的基本方法，通过截断污染物来源实现减少水体污染的目的。

b. 引水技术是引入水质较好的水冲刷污染的底泥并排出污染水体进行处理的方法。通过这种方法能够有效增加水的流动性，从而降低水体污染浓度和提高溶解氧含量，但耗水量较高，具有季节局限性。

c. 覆盖技术是指将洁净的底泥、沙砾、砖石等材料覆盖在原有河道底泥上，从而控制底泥污染物向水体释放的一种底泥修复技术，虽然修复效果较好，但会影响原生态环境，缩小水体容量，且不能从根本上解决底泥污染。

d. 曝气技术就是向污染底泥中通入空气或氧气，增加溶解氧，改善缺氧环境，提高生物降解净化能力，从而减少底泥水体污染的方法，该技术可有效修复污染底泥，改善水生态环境。

e. 原位洗脱技术原理是用设备对表层底泥进行机械搅动或曝气搅动，然后用水泵抽走释放入水体的污染物，经搅动翻洗后的泥沙重新在上表面形成新覆盖层。

2）化学技术。原位化学修复技术是指投加化学试剂到污染底泥中，改变水体氧化还原电位、pH 等，以减缓污染物释放，使底泥固化或无害化的措施。常用的化学试剂包含铝盐、硝酸钙、氯化铁、高锰酸钾、过氧化氢等，但直接向底泥中添加化学试剂会带来环境副作用，因此，化学修复在原位修复技术中应用潜力有限。

3）生物技术。生物修复技术即是利用微生物降解或植物净化等方式来降低底泥污染程度。底泥生物修复技术包括微生物修复、植物修复等。生物修复具有环境影响小，处理效果好，投资少等特点。底泥生物修复技术主要包括两种类型：一类是通过修复底泥环境，促进生物对污染物的降解，也叫生物促生技术；另一类是投加微生物菌剂或引入植物来削减底泥污染。①生物强化修复技术主要是通过技术筛选和驯化针对污染物的高效微生物菌种（或土著微生物），投加到污染底泥中，利用微生物的生命代谢作用对污染物进行分解、转化与降解，以削减底泥中的污染物浓度，改善河道生态环境，如枯草芽孢杆菌、基因工程菌等。微生物在好氧环境下可以彻底将有机污染物降解为 CO_2、NO_3^-、H_2O 等无机物。同时，能将重金属转化为惰性状态并固定在底泥中，减少其迁移与释放。②植物修复技术通过向底泥中引入具有净化功能的高耐受性植物（如挺水植物、沉水植物、亲水植物等）或藻类，可以通过根茎上附着的微生物分解、转换氮磷等物质，抑制底泥污染物悬浮再释放，也能在吸附污染物后通过收割植物来削减污染物。同时，植物的栽种能增加河道底泥与水体中的溶解氧含量，提高生物多样性，为微生物降解污染物提供适宜的环境。③生物促生技术是指向底泥中添加一些制剂（如生物复合酶、共代谢底物、营养剂、电子受体等）以修复底泥，改善微生物生存繁殖条件，促进微生物降解底泥污染物。生物复合酶是由多种生物酶、表面活性剂与营养物等合成的制剂，它能刺激和促进微生物分解污染物的反应，增强水体复氧能力，提高微生物活性与多样性，也能催化一些氧化反应，改善水体黑臭现象。生物复合酶应用范围广，既适用于好氧环境，也适用于厌氧环境，且对生态环境无害。

9.2 异位清淤技术

（1）技术原理

异位治理技术以底泥清淤最为典型。底泥清淤是去除底泥中有害物质最快速简便的方法。其原理是通过采取人工、机械的方法移除水体底部污泥，以削减累积在底部的氮、磷、有机物等污染物质，从而增加河道水体容量和降低内源污染，改善水体水质。工程上，一般在底泥中污染物浓度超出本底值 3~5 倍且潜在危害人类及水生生态系统的情况下，优选清淤异位治理技术。目前，底泥清淤包括 3 种方法：干水作业、带水作业、环保清淤。不同清淤方式对水环境的影响不同。其中，环保清淤是带水作业的一种特殊方式，主要清除水底表层 20~40cm 的淤泥层，在施工工程中注重保护物种和生物多样性，且为后续生态修复工程创造较好的基底条件。根据污染源和底泥的厚度，可将河道底泥从上到下分为浮泥层、淤泥层和老土层。为保证河流生态系统的完整性，底泥清淤通常是清除浮泥层和淤泥层的底泥，保留老土层底泥。

（2）技术类型

1）异位清淤技术类型。目前，清淤技术主要有三种：干式清淤、半干式清淤和湿式清淤。

a. 干式清淤法又称排干法或空库干挖法，主要针对水量不大的河道，清淤时首先对河道进行截流，同时进行排水，将清淤河道积水基本排干，然后采用机械或人工的方法对河道进行清淤。

干式清淤的优点是易于控制清淤深度，清淤彻底，施工效率高，同时易于观察清淤后的河底状况。缺点是容易在清淤过程中带走大量河道土，增大清淤泥量，增加淤泥处置和堆放的困难，增加淤泥处理处置成本。另外，干式清淤法往往采用汽车运输淤泥，易造成车辆沉陷，淤泥洒漏，对环境造成二次污染。

b. 半干式清淤法也是针对水量不大的河道，清淤时首先对河道进行截流、排水，将清淤河道积水基本排干，然后采用搅吸设备进行搅拌、抽排清淤，同时由工人使用高压水枪在搅吸设备旁边予以辅助。半干式清淤与干式清淤的最大不同之处在于前者并非将河道积水完全排干，而是留有 $10 \sim 20cm$ 深河水用于搅拌淤泥，清淤过程需要水源，淤泥输送方式采用管道输送，与湿式清淤相同。

半干式清淤的优点在于淤泥的挖掘和输送一次性完成，清淤彻底，操作简便，便于穿过桥梁和其他河道障碍物，使用管道输送泥浆也可避免运输途中的二次污染，减少对河道两侧居民的干扰。其缺点是高压水枪、泥浆泵、加压泵等设备耗电量大，人工费用高。同时，施工也需要对河道进行局部断流，因此不适合不宜断流的河道施工。

c. 湿式清淤又称带水疏浚或水下疏浚，该法需要将疏浚机械安装在可移动的作业船上，通过疏浚工具，如斗、吸头或刀头等，将污染底泥清除出水体。具有环保理念的疏浚方式基本来自湿式疏浚，在底部杂物不多且疏浚面积不是非常小的情况下，河道底泥疏浚的设备选型实际上就是根据湖河道水深、底泥性质、疏浚泥深、工期、低扩散低残留等工艺和环保要求，对疏浚船疏浚挖掘方式选择。

湿式清淤法的优点在于无须进行围堰排水，在带水环境下采用挖泥机械进行清淤施工。开挖与淤泥输送一气呵成，配套设备少、工序简单、生产效率高、成本低。另外，绞吸式清淤采用全封闭管道输泥，不会产生泥浆散落或泄漏，在清淤过程中不会对河道通航产生影响，施工不受天气影响。同时，疏浚物料的挖掘与输送能一次性连续完成，不需要泥驳等配合，施工成本相对较低。其缺点是普通绞吸式清淤容易造成底泥中污染物的扩散，同时也会出现较为严重的回淤现象。根据已有工程经验，底泥清除率一般在 70%。另外，吹底泥浆浓度偏低，导致泥浆体积增加，会增大底泥堆场占地面积。

2）清淤设备选择。目前，国内主要湿作业清淤设备包括绞吸式挖泥船、耙吸式挖泥船、斗式挖泥船、气力泵挖泥船、高浓度泥浆泵、环保绞吸船、水陆两栖挖掘机等；主要干作业清淤设备包括推土机、水陆两栖挖掘机等一般性土方机械。国外比较有代表性的专用疏挖设备有日本螺旋式挖泥设备、密闭旋转斗轮挖泥设备以及意大利气动泵挖泥船等。

a. 绞吸式挖泥船由绞刀头切削水下淤泥、沙砾及岩石等介质，在绞刀头的旋转带动下形成固液两相混合物，在舱内泵的抽吸作用下途经绞吸管道输送至舱内泵，最终途径排泥管输送到预定地点排放与处理。绞吸式挖泥船的类型、尺寸及功率范围很广，绞刀头功率从 20kW 到 8500kW 不等，最大挖深可达 45m，最小挖深通常由浮箱的吃水而定。绞吸式挖泥船生产能力不仅受切削功率、横移功率和水流速度的影响，而且也取决于绞刀头的直径。在切削工况准许的情况下，增大切削厚度、步幅尺寸及绞刀头尺寸可提高产量。绞吸式挖泥船施工时，挖泥、输泥和卸泥都是一体化自身完成，生产效率较高，适用于风浪小、流速低的内河湖区和沿海港口的疏浚，以开挖砂、沙土、底泥等土质比较适宜，采用有齿的绞刀后可挖黏土，但是工效较低。目前国内河道与湖泊清淤多选用装有绞刀的绞吸式挖泥船。施工过程中采用全封闭管道输泥，不会产生泥浆散落或泄漏，对河道通航影响相对小，不受天气影响。同时，采用 GPS 和回声探测仪进行施工控制，施工精度高。根据已有工程的经验，吹淤泥浆浓度偏低，导致泥浆体积增加。

环保绞吸式挖泥船在普通绞吸式挖泥船基础上增加了环保绞刀头、产量计、浊度计、高精度导航定位系统、多功能数据采集控制器及挖深指示仪等设备，使得系统定位精度和挖深精度大幅提高，可减少超挖疏浚工程量。环保绞刀头具有导泥挡板、绞刀防护罩、绞刀水平调节器，可使绞刀切削轮廓始终与疏浚底泥贴平，被切削的底泥在绞刀防护罩内扰动，既可提高泥泵吸入的混合物含泥量，提高疏浚效率，又可减少底泥挖掘过程中的扩散，避免二次污染。此外，采用管道输送串联接力泵船加压技术，可实现底泥的全封闭、远距离、无堵塞稳定输送，同时可避免底泥在输送过程中泄漏造成二次污染。

b. 耙吸式挖泥船是一种装备有耙头挖掘机具和水力吸泥装置的大型自航、装仓式挖泥船。它具有良好的航行性能，可以自航、自载、自卸，并且在工作中处于航行状态，不需要定位装置。它适用于无掩护、狭长的沿海进港航道的开挖和维护，以开挖底泥时效率最高。一般而言，耙吸式挖泥船适合航道较深的区域。

　　耙吸式挖泥船作业过程中下放耙管，启动泥泵，将耙头继续放至与泥层贴合，开始疏浚挖掘作业；挖掘泥沙被泥泵抽吸入泥舱，直至装满泥舱，此时舱内泥水混合物的液面高度由溢流筒调定，但不能超过船舶的最大吃水深度；满舱后，等待吸泥管泥沙抽吸干净，关停泥泵，吊起耙管，加大航速驶向排泥区或吹填区；抵达抛泥区后，采用预定排泥方式排空泥舱疏浚物，然后再次驶返挖掘区域，开始新的作业循环。自航耙吸式挖泥船具有自航能力，其调节灵活度高、调度费用低、输泥距离不受限制，且挖深大（最大挖深可达 155m），因此应用范围十分广泛。针对不同河道的边界条件，可选择不同型号和尺寸的耙吸式挖泥船进行清淤作业，以及选择虹抛岸吹或者管路输送的方法将所挖掘的泥沙运输上岸。

　　耙头是自航耙吸式挖泥船的吸口，是疏浚设备中最重要的部件之一。最常见的耙头为荷兰 IHC 耙头和美国加利福尼亚耙头，这两种耙头都是依据泥泵水流造成冲刷的原理研发的，如今通常为这些耙头装配高压射流喷嘴，根据土层挖掘难度考虑是否启动高压冲水泵。此外，为高效疏浚淤泥和黏土，设计了淤泥耙头；为高效疏浚硬黏土和密实沙，设计了主动耙头。

　　c. 抓斗式挖泥船有自航和非自航两种，自航式的一般带泥舱，泥舱装满后自航至排泥区卸泥；非自航式则利用泥驳装泥和卸泥：挖泥时运用钢缆上的抓斗，依靠其重力作用，放入水中一定的深度，通过插入泥层和闭合抓斗来挖掘和抓取泥砂，然后通过操纵船上的起重机机械提升抓斗出水面，回旋到预定位置将泥砂卸入泥舱或泥驳中，如此反复进行。

　　抓斗式清淤适用于开挖泥层厚度大、施工区域内障碍物多的中、小型河道，多用于扩大河道行洪断面的清淤工程。抓斗式挖泥船灵活机动，不受河道内垃圾、石块等障碍物影响，适合开挖较硬土方或夹带较多杂质垃圾的土方。其施工工艺简单，设备容易组织，工程投资较省，施工过程不受天气影响。但抓斗式挖泥船对极软弱的底泥敏感度差，开挖中容易产生"掏挖河床下部较硬的地层土方，从而泄漏大量表层底泥，尤其是浮泥"的情况，容易造成表层浮泥经搅动后又重新回到水体之中。根据工程经验，抓斗式清淤的淤泥清除率只能达到 30% 左右，加上抓斗式清淤易产生浮泥遗漏、强烈扰动底泥，在以水质改善为目标的清淤工程中往往无法达到原有目的。

　　d. 气力泵清淤系统主要由泵体、进出气管、排料管、空气分配器、空气压缩机及水平输料管等组成，其中泵体作为最关键的部件，呈长圆柱状。气力泵整个工作过程分为三个阶段：排气阶段，气力泵气阀打开，抽出泵内空气，随后气力泵气阀关闭；进料阶段，气力泵进料口阀门打开，泥、沙及小石块等物料在水的压力与真空负载作用下快速进入泵体，当泵体内物料填充一定时间后，气力泵进料口阀门自动关闭；进气阶段，气力泵气阀打开，通入压缩空气不断挤压泵体内的物料，将其由排料口排出。物料排完后排料阀门自动关闭，气力泵气阀再次打开，把残余压缩空气排出泵体，从而继续下一个工作循环。该技术适用于环保要求严、疏浚深度大、泥浆含水率高的河道或湖泊疏浚项目，可有效降低河道内源污染，推动疏浚底泥的减量化、稳定化和资源化。

e. 水上挖机是由传统挖机改造而来，凭借底盘浮箱的强大浮力，可悬浮在浮泥或水上并自由行走，被广泛使用于水利工程、城镇建设中的河道清淤和水域治理，湿地沼泽及江、河、湖、海、滩涂的资源开发，盐碱矿的治理开发，鱼塘、虾池改造，洪灾抢险，环境整治等复杂的工程中。新一代水上挖掘机能在水深 5m 的狭窄区域内进行清淤作业，但其缺点也较为明显，不能输送底泥，清淤效率较低。

f. 水陆两用搅吸泵是在水上挖掘机的基础上改造而来，与水上挖掘机原理基本一致，但又在水上挖掘机的基础上有所改进，将挖斗改装为搅吸泵，集搅、吸、送于一体，效率大大提高。大功率 85/160 型搅稀泵的设计清水流量为 750m³/h，效率较水上挖掘机大大提高。

g. 移动式吸泥泵可悬浮于底泥上，配合高压水枪施工，可在狭窄的空间内施工作业，操作方便，但施工效率相对较低。其适用于城镇污水处理厂、企业污水处理厂、硬底河道、养鱼池、人工景观湖、喷泉池底、游泳池底等的底泥清理。

9.3　底泥处理处置技术

农村黑臭水体清淤疏浚后的底泥含水率高，且一般含有大量有毒重金属和有机污染物，若不经处理而在环境中堆弃，易对环境造成污染，也会影响底泥的资源化利用。疏浚底泥性质与土壤接近，且有机质、氮、磷等养分丰富，具有很高的利用价值。将疏浚底泥无害化处理后进行资源化利用，既可保护环境，又可节约资源。目前，常用的底泥处理处置技术有底泥脱水减量化技术、底泥无害化处理技术。

9.3.1　底泥脱水减量化技术

底泥含水率是限制后续处理效率的关键因素。传统的填埋、堆肥等底泥处理技术都不宜选用含水率>80%的底泥，为满足后续处置工艺需要，底泥含水率通常需降至 60%以下。目前国内对疏浚底泥一般通过排泥场自然堆存的方式进行脱水，该法需长时间占用大量土地，且降雨及地表冲刷会导致底泥中的污染物随径流下渗或侧渗，对水环境造成二次污染。随着用地日趋紧张，自然堆存方式已不适用于疏浚底泥的处理。除自然堆存方式外，底泥的脱水减量化技术包括机械脱水、化学絮凝脱水和电渗脱水等。

1）机械脱水是常用的底泥脱水技术，其脱水效率较高。大量研究发现，淤泥脱水的程度由淤泥中水的分布特征决定。淤泥中的水通常可分为自由水、间隙水、表面吸附水、结合水等。近年研究者们将水简单地分为自由水和束缚水。自由水可以被机械力去除，而非自由水即束缚水由于与底泥固体有较强的结合力而不能被常规机械力分离，因此机械脱水仅能将含水率降至80%左右，无法进一步降低底泥含水率。机械脱水通常需与药剂絮凝脱水结合使用。

2）化学絮凝脱水技术通过向底泥中投加絮凝剂，利用絮凝剂压缩双电层和吸附架桥功能，使泥浆混合体系中某些固相聚在一起形成絮团，进行"脱稳"，实现泥水分离。污泥脱水絮凝剂包括无机和有机两大类。无机絮凝剂包括铁盐和铝盐等，有机絮凝剂主要有聚丙烯酰胺（PAM）等高分子物质。复配絮凝剂通常比单一絮凝剂对疏浚底泥的脱水效果好。化学絮凝剂脱水由于底泥沉淀速度过于缓慢，通常需与机械脱水、固化剂固化结合使用。淤泥脱水减量化技术未解决底泥无害化问题，淤泥中含有的重金属和有毒有机污染物依然存在。当外界环境变化时，污染物仍可能释放并造成污染。

3）电渗脱水技术通过外加直流电场对底泥等介质进行脱水。由于电渗发生在底泥颗粒间的毛细孔道内，可以去除底泥中的毛细水与吸附水等结合的束缚水，使污泥的含水率降到50%以下，这是其他脱水法难以达到的。环保疏浚泥浆通常是渗透系数$<1.0\times10^{-4}$cm/s的黏性土，脱水难度大。电渗脱水法对低渗透性土壤尤其有效，因此十分适用于疏浚底泥的处理。对于含重金属的污泥，电场作用下还可产生电迁移作用，使底泥中带电的重金属离子通过迁移得到去除，降低污泥后处理带来的环境风险。相比于其他底泥脱水技术，电动力学技术高效实用，脱水效率高，是一项非常有应用前景的底泥脱水技术。

9.3.2 底泥无害化处理技术

疏浚底泥中含有的有毒重金属和有机污染物易对周围环境造成严重影响。因此，对于疏浚底泥还需进行无害化处理，处理技术包括生物法、热干化法与焚烧、堆肥、固定化法和电动力学法等。

1）生物修复法利用特定生物体（包括微生物和植物）吸收、转化、清除或降解环境污染物，使受污染环境得到恢复。微生物修复技术多用于黑臭底泥的治理，通过向底泥中投加微生物菌种或促生剂，对污染物进行降解或转化。微生物修复具有成本低的优点，缺点在于底泥污染成分复杂，需筛选出对特定污染物有效的多种微生物。植物修复需培育耐污能力强的植物，植物生长周期长，而河湖疏浚底泥的量通常较大，修复往往受时间和场地限制。生物法对大部分有机污染物都有效，但微生物和植物根系同污染物的充分接触较为困难，同时修复效果受污染物浓度、营养盐、温度等因子的影响。

2）固定化技术通过外加药剂，如水泥、磷酸盐、生石灰、粉煤灰等，同污染物发生反应生成难溶物质，达到固定化污染物的目的。该技术常用于重金属污染底泥的治理，其通常不会破坏底泥中的污染物，而是使污染物不具有移动性或危害性。该技术的不足在于当外界环境发生变化时，污染物仍有释放出来并造成环境污染的可能。

3）热处理技术包括热干化与焚烧等技术。热干化法是通过直接或间接加热方式，对底泥进行低温热处理，让脱水底泥中残留的水分通过蒸发进一步减少的处理工艺。为了使底泥含水率降到50%以下，热干化通常使用烟气、热电厂废气、热油等作为热媒，可进一步减少底泥体积和重量、去除有机物和病原菌。经过热干化处理的底泥可用作土壤改良剂等。焚烧法将底泥作为固体燃料投入焚化炉中燃烧，可快速并最大程度实现底泥的减量化和无害化，焚烧产生的灰粉可用作生产水泥、砖、陶粒等的原料。焚烧法由于一次性投资大、运行维护费用高，使用发展受到了一定的制约。

4）堆肥法是将污染底泥进行堆肥处理，利用底泥中含有的有机质、动植物遗体和微生物，加上泥土和矿物质混合堆积，在高温多湿条件下，底泥经过发酵腐熟、微生物分解而制成有机肥料，达到对有机污染物进行处理的目的，同时杀死有害微生物。堆肥法不破坏原有生态环境，对有机污染物降解效率高，但需占用大量场地和时间，且对重金属治理效果不佳。

5）电动力学技术是针对受污染土壤/底泥和地下水的一种绿色修复技术，主要低渗透性土壤/底泥中去除重金属和有机污染物。其原理是通过向污染底泥施加直流电场，使水分和污染物在电场作用下发生迁移而达到去除的目的。电场作用下的迁移主要通过电迁移和电渗析作用进行。电迁移作用是指底泥空隙水中带电离子在电场作用下的迁移过程；电渗析是底泥孔隙水本身的运动过程。电动力学技术既可用于底泥的脱水处理，也可用于底泥中重金属和有机污染物的去除。

9.3.3 底泥的资源化利用途径

按照固体废弃物处理的减量化、无害化、资源化原则，应尽可能对淤泥考虑资源化利用。广义上讲，只要是能将废弃淤泥重新进行利用的方法都属于资源化利用，农村地带可将没有重金属污染但氮、磷含量比较丰富的淤泥进行还田，成为农田中的土壤，或者将这种淤泥在洼地堆放后作为农用土地进行利用。当然，在堆场堆放以后如果能够自然干化，满足人及轻型设备在表面作业所要求的承载力，可以作为公园、绿地甚至市政、建筑用地。当淤泥中含有某些特殊污染物如重金属或某些高分子难降解有机污染物而无法去除，进行资源化利用会造成二次污染。这需要对其进行一步到位的处置，即采用措施降低其生物毒性后进行安全填埋，并需相应做好填埋场的防渗设置。

（1）土地利用技术

1）土地利用是把疏浚底泥应用于农田、林地、园林绿化及严重扰动的土地修复与重建等。底泥土地利用投资少、能耗低，其中有机部分可转化成土壤改良剂成分，被认为是最有发展潜力的处置方式。

2）农田利用。对于杂质较少、富营养化的泥质，可用泥浆泵从排干的河道或泥驳将底泥稀释过滤后，输送到稻田里，进行土壤改良。泥浆在稻田翻耕推平后均匀输入，厚度在10~12cm，不高于田埂高度。也可以在农田翻耕后再输送底泥，一般按每隔20~80m移管一次，在泥浆出口处应设置滤网，以便过滤泥浆中的少量杂物。泥浆上田沉实后，把水排干，再过10余天插入秧苗。采取底泥肥田的方法，关键要把握以下几点：泥浆厚度不宜过厚，以10~12cm为宜；绿肥田当季不要再施氮素化肥，冬闲田化肥用量也要适当控制；要待泥浆充分沉实后再插秧苗；秧苗密度要合理，可适当放宽；要注意搁田和病虫害防治。对于含有杂质和有毒物质的底泥，不能直接送到田里，必须经过分离处理后，才能用于改良土壤。

3）林地利用。底泥用于造林不会威胁人类食物链，林地处理场所又远离人口密集区，所以较为安全。另外，林地、荒山往往比农田更缺乏养料，可使过量的氮、磷养料得以充分利用，养分流失而污染水体的可能性大大减小。

4）园林绿化。清淤后淤泥的处理及资源化利用是改善环境、实现资源可持续利用的有效方法之一。污泥土地利用，被认为是最普遍、最经济的解决其处置难题的方法之一。园林绿化利用作为土地利用的一方面，所用污泥不进入食物链，对人类健康不构成威胁，并且能改善土壤条件，促进园林植物生长，提高绿化质量，通过植物的吸收利用，降解成无害产物，实现资源的可持续利用。

5）修复严重扰动的土地。严重扰动的土地一般已失去土壤的优良特性，无法直接植树种草，施用疏浚底泥可以增加土壤养分，改良土壤特性，促进地表植物的生长。

（2）建筑填方利用

1）建筑材料利用。底泥具有颗粒细、可塑性高、结合力强、收缩率大等特点，所生产的砖瓦质量高，可替代黏土用于制造建筑材料，减少对土地资源的破坏。另外，建筑材料需求量大，可消纳大量疏浚污泥，是底泥资源化利用的较好选择，在我国有着广阔的发展前景。目前市场上有用底泥混合煤粒及一些其他成分制砖、瓷砖、水泥熟料。

2）填方材料利用。一般情况下，底泥或底泥质土具有含水多、强度低、腐殖质含量高等特点，很难将它直接作为地基材料加以利用。但利用底泥含水的特点，混入固结材料可以使底泥具有一定的自硬能力，具有一般良质土同等程度或以上的品质，而后可以将底泥或底泥质土进行再生资源化并作为地基材料加以利用。

将流动化处理后的底泥或底泥质土用作地基材料时，除对它作为土工材料的基本特性进行调查外，还要考察它的流动性和长期稳定性能。利用室内试验方法对流动化处理土的强度、变形特性、流动性、透水性以及长期变形特性进行考察，结果显示，利用无毒害的底泥或底泥质土作为原料土的流动化处理土除具有一般良质土以上的品质外，还具有良好的施工性和长期稳定性，将它作为一般地基材料使用是完全可行的。

经过预处理后的底泥，通过改良使其满足工程要求，可进行回填施工，作为填方材料进行使用。经过脱水减量化、热干化和焚烧、固定化处理后的底泥，比较适合用作填方材料，可用于道路路基、填方工程、筑造江湖堤防和海堤工程、低洼地区回填等工程中。由于疏浚底泥性质与土壤较为接近，且湖泊底泥有机质、氮、磷等养分含量丰富，同时重金属等有毒有害物质含量又比污水污泥低。因此，对于满足《农用污泥污染物控制标准》（GB 4284—2018）的底泥，优先考虑直接进行土地利用。对于经过焚烧等方法处理的底泥，可以用作建筑材料和填方材料。对于无法资源化利用的底泥，只能进行卫生填埋。

第 10 章　生态修复技术

河道生态修复技术指依据生态系统原理，选取各种方法使已受损伤的水体生态系统的生物群体及生态结构得到修复，强化水体生态系统的主要功能，重建健康的生态水体，使生态系统实现自我维持、自我协调的良性循环。

10.1　人工增氧

（1）适用范围

人工增氧适用于水体流动缓慢、水质较差的河道或坑塘。

（2）工艺原理

通过人工曝气，向水体中补充氧气，提高水体 DO 的含量，提高水中生物，特别是微生物的代谢活性，从而提高水体中有机污染物的降解速率，达到改善水质的目的。

（3）主要参数

适合河湖治理的曝气形式主要有推流式曝气、射流式曝气和喷水式曝气三种，主要设备有推流式曝气机、射流式曝气机、提水式曝气机、叶轮式曝气机、水车式曝气机、超微气泡曝气机、太阳能曝气机和微生物曝气机等多种曝气机（表 10-1）。

该技术具有设备简单、机动灵活、安全可靠、见效快、操作便利、适应性广、对水生生态不产生危害等优点，但河流曝气增氧成本较大，需要持续维护。

表 10-1　曝气设备类型及优缺点

曝气设备类型	组成与特点	优点	缺点
推流式曝气机	由主机、固定支架、推进管及推流曝气叶轮四部分组成	安装方便，噪声较低	曝气效率不高，对航运有一定影响
射流式曝气机	主要由潜水泵和水射器组成	安装方便，基本不占地，充氧动力效率较高	维修较麻烦
提水式曝气机	由水泵、喷头和浮体组成。通过高速旋转的螺旋桨在提水同时充分搅拌水体，令水层产生上下加速循环充分搅拌水体	体积小、重量轻、易安装，而且具有优美的造型和独特的造景功能	能耗高，有较大噪声，曝气头容易堵塞

曝气设备类型	组成与特点	优点	缺点
涌泉式曝气机	由主机、曝气叶轮、可调式托架、基础支架及必要的辅助部件组成	安装简单，结构紧凑，维修方便，噪声较低	对航运有一定影响
叶轮式曝气机	主要由叶轮、浮筒和电机组成	安装方便，不占地，充氧动力效率较高	产生噪声，外表不美观
太阳能曝气机	由太阳能电池、蓄电池、曝气机和增氧管组成，以太阳能为动力，驱动空气压缩机把新鲜空气压入水中，再通过铺设在水体内部的曝气管路上的小孔渗入，为水体内部供氧	太阳能供电，施工安装方便，应用范围广泛，噪声小	成本较高，对航运有一定影响
漩涡风机-纳米曝气机	一般由机房（内置风机）、空气扩散器和管道组成，河岸上设置一个固定的鼓风机房，通过管道将空气或氧气引入设置在河道底部的曝气扩散系统，达到增加水中溶解氧的目的	氧转移率较高，噪声小	维修困难，易堵塞

（4）造价指标

根据设备类型和曝气量大小，曝气设备价格从几百元到 1 万元不等。

（5）处理效果

促进上下层水体的混合，并加大局部水体的流动性，使水体保持好氧状态，加速水体复氧过程，抑制底泥 N、P 的释放，防止水体黑臭现象的发生，恢复和增强水体中好氧微生物的活力，使水体中的污染物质得以净化，从而改善河流的水质。

（6）运行管理

日常维护检查包括空气扩散器、空气管道和鼓风机的清理、维护以及管理。

10.2　生态浮岛

（1）适用范围

生态浮岛广泛应适用于河道、湖泊、水库等自然或人工水体。

（2）工艺原理

该工艺通过水生植物根系的截留、吸附、吸收和水生动物的摄食以及微生物的降解作用，达到水质净化的目的，其中浮岛植物根系在水中形成的富氧环境和根系表面的生物膜能高效地降解水中的 COD、氮、磷的含量，而根系膜内微生物产生的多聚糖能有效吸附水中悬浮物。浮岛上植物根系拥有巨大的表面积，可为水中微生物生长提供良好固着载体，起到"生物膜载体"的作用，加快生态修复进程。人工浮岛会吸引野生动物如昆虫、蝶类、鸟类、两栖动物等在此栖息，从而增加物种多样性，能有效改善区域生态环境。

（3）主要参数

1）在水体中划定搭建浮岛区域，主要考虑以下因素：①便于植物种植以及收割管理；②水体的其他功能需求，如通航、行船、湖面保洁；③水体的观赏性，若需要突出浮岛的景观效果，至少应在视角10°～20°的范围内布设；④保证浮岛种植区域有足够的日光照射时间。

2）浮岛固定主要考虑以下因素：生态浮岛的水下固定设计既要保证浮岛不被风浪带走，又要保证在水位剧烈变动的情况下，能够缓冲浮岛和浮岛之间的相互碰撞。水下固定形式要视地基状况而定，常用的有重量式、锚固式、驳岸牵拉等形式。另外，为了缓解因水位变动引起的浮岛间的相互碰撞，一般在浮岛单体之间留有一定的间隙或适当的隔离物。

3）植被选择。一般的水生植物都适合在生物浮岛上种植，即使是陆生植物经驯化后也可以在浮岛上种植。但考虑到浮岛的净水作用及成本控制，一般选择种植美人蕉、旱伞草、香蒲、石菖蒲、凤眼莲、大漂、浮萍、紫萍、槐叶萍等。

（4）造价指标

生态浮岛的综合单位面积（m^2）成本为几百元不等。

（5）处理效果

生态浮岛的净化作用与水体的流量、水深、温度等条件有关，总体净化效果较弱。

（6）运行管理

植物的养护管理、生态浮岛的连接点维修、受损浮岛模块更换、固定桩的加固及绳子长度检查等。

10.3 水下森林

（1）适用范围

水下森林适用于水体流动缓慢且具有一定水深的湖库、坑塘。

（2）工艺原理

水生植物从水层和底泥中吸收氮、磷，并同化为自身的结构组成物质，从而减少水中的氮、磷等富营养化物质。

（3）主要参数

挺水植物：荷花、碗莲、芦苇、香蒲、水葱、水竹、菖蒲、蒲苇、黑三菱等。

浮叶植物：泉生眼子菜、竹叶眼子菜、睡莲、萍蓬草、荇菜、菱角、芡实、王莲等。

沉水植物：丝叶眼子菜、穿叶眼子菜、水菜花、海菜花、海菖蒲、苦草、金鱼藻、水车前、穗花狐尾藻、黑藻等。

浮游植物：浮萍、紫背浮萍、凤眼蓝等。

湿生植物：美人蕉、梭鱼草、千屈菜、再力花、水生鸢尾、狼尾草、蒲草等。

（4）造价指标

水下森林的成本在 $100 \sim 500$ 元/m^2。

（5）处理效果

水下森林主要用于对水质情况较好的水体进行深度净化，直接快速地对水体中的污染物进行吸收同化，削减氮磷等营养物质，增加水体溶解氧，抑制藻类生长，达到促进河道自净和循环的效果。水下森林对水体的 COD、SS 等指标的削减能力较弱，若用于净化水质混浊的水体，需在前期辅以其他措施改善水体透明度，满足沉水植物生长所需光照条件。

（6）运行管理

水下森林需要定期清理打捞。

10.4　底泥生物氧化技术

（1）适用范围

该工艺适用于黑臭水体，且有较多底泥沉积。

（2）工艺原理

底泥生物氧化是将含有氨基酸、微量营养元素和生长因子等组成的底泥生物氧化配方，利用靶向给药技术直接将药物注射到河道底泥表面进行生物氧化，通过硝化和反硝化原理，除去底泥和水体中的氨氮和耗氧有机物。

（3）主要参数

该工艺优点是不需要人工清淤，节省大量劳动力；缺点是微生物药剂成本较高，微生物消解底泥需要周期较长。

（4）造价指标

该技术所需药剂的成本较高，1kg 从 100 元到几百元不等。

（5）处理效果

该技术可有效提高河道自净能力、节省费用，但无法绝对控制药物对水体无害。

(6) 运行管理

无需进行管理。

10.5　生态透水坝

(1) 适用范围

该技术目前应用较少，主要适用于坑塘类型水体治理。

(2) 工艺原理

坝体主要采用砂石等滤料在沟渠中人工垒筑，并通过配置植物对沟渠水质进行净化。

(3) 主要参数

坝前主要由滤水材料组成，滤料粒径范围根据坝体尺寸及目标渗透量的大小而定，滤料为碎石、砾石、卵石等渗透系数大的无黏性土材料。坝体滤料坝坡迎水面设置可更换的透水生态垫，生态垫由两层土工布中间夹填滤料制成。为加强植物净化和景观效果，在生态垫迎水面土工布上打小孔，向孔内投放水生植物种子。

坝前滤料和坝中生态池由混凝土透水墙连接，透水墙开孔率等于最大透水流量时的水流截面积与透水墙面积之比。透水墙与滤料间用滤网隔开，滤网孔径小于最细滤料粒径，以防止细粒径滤料通过透水墙进入到坝中。

坝中生态池为充水箱式结构，箱体内部由上到下依次为生态浮床、生物填料、曝气装置，利用水生植物吸收和微生物分解的双重作用进一步净化水体，同时起稳定渗透量的作用。

坝后为扶壁式混凝土支撑结构，保证坝体稳定。在混凝土结构内部设有管道用于出水。

(4) 造价指标

根据工程量确定，生态透水坝造价从几万元到几十万元不等。

(5) 处理效果

对 SS 约为 50%，COD、氨氮、总磷约为 20%。

(6) 运行管理

当生态垫淤堵严重、渗透量不满足要求时，可将其清理更换。

10.6　生态拦截沟

(1) 适用范围

生态拦截沟适用于面源的拦截阻控。

（2）工艺原理

氮磷生态拦截沟渠系统应在农田排水主干沟上建设，并由主干排水沟、生态拦截辅助设施、植物等部分组成。生态拦截辅助设施应至少包括节制闸、拦水坎、底泥捕获井、氮磷去除模块，宜设置生态浮岛、生态透水坝设施。氮磷生态拦截沟渠系统的植物应包括沉水植物、挺水植物、护坡植物和生堤蜜源植物，且配置应以本土优势植物为主，兼顾污染净化、生态链恢复、植物季相、景观优化等因素。

（3）主要参数

1）主干沟设计。氮磷生态拦截沟渠系统主干沟长度应在 300m 以上，具有承纳 $10hm^2$（150 亩①）以上农田汇水和排水的能力。主干沟设计用地形图的比例尺应按照 SL4 的规定执。氮磷生态拦截沟渠系统主干沟流量设计应根据其控制面积、产流和汇流条件，按与排水任务相应的排涝模数乘以其控制面积确定。主干沟排涝模数计算和流量设计应按照《灌溉与排水工程设计标准》（GB 50288—2018）的规定执行。

氮磷生态拦截沟渠系统主干沟的断面设计和水位设计应按照《灌溉与排水工程设计标准》的规定执行。主干沟可采用梯形、矩形或 U 形断面，断面沟壁材质宜采用生态袋、六角砖、圆孔砖、鹅卵石等有利于护坡植物定植的材料。

2）生态拦截设施设计。拦水坎高度应高于沟渠底面 0.15～0.20m。

生态透水坝坝高不宜超过沟深的 30%，坝顶应种植湿生或水生植物。

每条氮磷生态拦截沟渠系统设置 1 座以上底泥捕获井。底泥捕获井宜设置在拦水坎、透水坝等构筑物上游的位置。

3）植物配置。植物配置不宜选用浮叶植物，应以本土沉水、挺水、护坡植物为主。

（4）造价指标

生态拦截沟造价为每米几百元。

（5）处理效果

总磷、氨氮及总氮的平均消减率为 20%～30%。

（6）运行管理

氮磷生态拦截沟渠系统的管理应包括必要的监测和经常性管护。

宜每周定期检查沟渠系统损坏和堵塞现象，及时进行修复，并清除沟体内的杂物。沟底淤积厚度超过 0.1m 时应进行清淤。

每年汛期前，应对氮磷生态拦截沟渠系统进行全面检查，保证沟渠系统排水

---

① 1 亩 ≈ 667m²。

畅通;汛期后,对易受冲刷沟段应重点检查和修复。

应及时对沟渠中的水生植物进行修剪,并对修剪废弃物进行处置。

底泥捕获井应每两个月清泥 1 次;氮磷去除模块吸附基质和生态透水坝的滤料应每半年更换 1 次;井泥和废滤料应做资源化循环利用。

10.7 植 草 沟

(1) 适用范围

植草沟适用于道路等不透水面的周边,也可作为生物滞留设施、湿塘等低影响开发设施的预处理设施。植草沟也可与雨水管渠联合应用,场地竖向允许且不影响安全的情况下也可代替雨水管渠。

(2) 工艺原理

植草沟通过下渗,植物的吸收、储存和过滤等原理实现雨水的收集、转输以及净化,是实现径流总量控制、污染物总量削减、洪峰延缓、地下水补充的重要技术手段。

(3) 主要参数

浅沟断面形式宜采用倒抛物线形、三角形或梯形。

植草沟的边坡坡度(垂直:水平)不宜大于 1:3,纵坡不应大于 4%。纵坡较大时宜设置为阶梯型植草沟或在中途设置消能台坎。

植草沟最大流速应小于 0.8m/s,曼宁系数宜为 0.2~0.3。

转输型植草沟内植被高度宜控制在 100~200mm。

(4) 造价指标

植草沟的造价为 30~200 元/m。

(5) 处理效果

对 SS(悬浮颗粒物)的去除率可以达到 60% 以上,对 COD、氨氮和总磷的去除率在 20% 左右。

(6) 运行管理

使用过程中还需要注意植草沟运行和维护,重点是植草沟入口和出口植被的养护,及时清除植草沟内的沉积物和杂物,设置滤网及清理。

10.8 生 态 护 岸

(1) 适用范围

生态护岸用于稳固河岸、防止水土流失,修复河湖生态。

（2）工艺原理

利用植物与土木工程相结合，能在防止河岸坍方之外，还具备使河水与土壤相互渗透，增强河道自净能力，产生一定自然景观效果，对河道坡面进行防护。

（3）主要参数

1）石笼护岸。石笼是一种全渗透性的结构，可以使水和土壤自然交换，增强水体的自净能力，从而起到生态作用。石笼挡墙、岸上可以直接进行绿化处理，而浆砌石挡墙上要进行绿化处理很困难，而且重复浪费造价。

2）植被生态护坡。利用植物地上部分形成堤防迎水坡面覆盖，减少坡面的裸露面积，起消能护坡作用。利用植物根系与坡面土壤结合，改善土壤结构，增加坡面表层土壤团粒体，提高坡面表层的抗剪强度，有效提高迎水面的抗蚀性，减少坡面水土流失。

3）蜂巢式网格植草护坡。蜂巢式网格植草护坡是一项类似于干砌片石护坡的边坡防护技术，是在修整好的边坡坡面上拼铺正六边形混凝土框砖形成蜂巢式网格后，在网格内铺填种植土，再在砖框内栽草或种草的一项边坡防护措施。

4）框格内填土植草护坡。框格内填土植被护坡是指先在边坡上用预制框格或混凝土砌筑框格，再在框格内置土种植绿色植物。为固定客土，可与土工格室植草护坡、三维植被网护坡、浆砌片石骨架植草护坡、蜂巢式网格植草护坡结合使用。该方法造价高，一般仅在那些浅层稳定性差且难以绿化的高陡岩坡和贫瘠土坡中采用。

5）植生袋护坡。植生袋是将含有种子、肥料的无纺布全面附贴在专用 PVC 网袋内，然后在袋中装入种植土，根据山体形状对垒起来以实现绿化。

（4）造价指标

生态护岸的造价为 300～1000 元/m²。

（5）处理效果

生态护岸具有一定的防止水土流失、阻控面源和提升水体自净能力的作用。

（6）运行管理

生态型护岸工程建设完成后应进行监测和维护，尤其在工程完成后的第一年，以确保植被有充分的成活率。日常维护与管理一般包括河道岸线功能的保持、护岸结构的观测和保养、生态护岸的植物保护、防止人为破坏、垃圾清理等。

10.9　河岸缓冲带

（1）适用范围

冲岸缓冲带适用于河道两侧有可利用地的河岸区域。

（2）工艺原理

河岸缓冲带净化机理可以概括为过滤和拦截污染物、植物吸收及土壤吸附以及土壤微生物去除作用。

（3）主要参数

1）河岸缓冲带宽度划定。依据《中华人民共和国河道管理条例》和《堤防工程设计规范》（GB 50286—2013）规定，河岸缓冲带宽度为 5～30m。从面源阻控角度，10～20m 缓冲带能够起到较好的污染物净化作用。从生态多样性保护角度出发，缓冲带宽度宜大于 30m。

2）植被类型搭配。乔灌草搭配使用。

3）坡度。河岸缓冲带的坡度应小于 5%。

（4）造价指标

河岸缓冲带的造价每平方米从几十元到几百元不等。

（5）处理效果

一定宽度的河岸缓冲带通过植被过滤和拦截，对径流泥沙和悬浮物的去除率可达 80% 以上，能显著减少颗粒态磷污染物。同时，通过微生物反硝化作用，对溶解态氮的去除率也能达到 60% 以上。

（6）运行管理

定期清理枯枝落叶、清理垃圾，旱季及时补水。

10.10 人工湿地

（1）适用范围

人工湿地适用于有较大空闲土地或者坑洼的地区，进行河水的净化和污水深度处理；在污水处理中，人工湿地适用于灰水处理，且有土地可以利用、最高地下水位大于 1.0m 的地区，南、北方均适用。湿地应远离地表、地下水源保护区。

（2）工艺原理

人工湿地由人工建造和控制运行，类似沼泽地。将河水或污水有控制地投配到经人工建造的湿地上，沿一定方向流动，利用土壤、人工介质、植物、微生物的物理、化学、生物三重协同作用，对河水和污水进行处理的一种技术。人工湿地主要有表面流人工湿地、潜流人工湿地和垂直流人工湿地。

（3）主要参数

1）表流人工湿地。表面流人工湿地水力负荷 2.4～5.8cm/d；BOD_5 负荷 15～50kg/（$hm^2 \cdot d$）；水力停留时间 4～8 天。

2）潜流人工湿地。潜流人工湿地水力负荷 3.3～8.2cm/d；BOD_5 负荷 80～

120kg/ （hm^2 · d）；水力停留时间 1 ~ 3d。

3）垂直流人工湿地。垂直流人工湿地水力负荷 3.4 ~ 6.7cm/d；BOD$_5$ 负荷 80 ~ 120kg/（hm^2 · d）；水力停留时间 1 ~ 3d。

冬季寒冷地区可采用潜流人工湿地，冬季可采取保温措施提高处理效率。

湿地植物应选择本地生长、耐污能力强、具有经济价值的水生植物。观赏类湿地植物应当定期打捞和收割，不得随意丢弃掩埋，形成二次污染。

（4）造价指标

人工湿地投资成本 300 ~ 500 元/t，运行费用低于 0.1 元/t。

（5）处理效果

三种人工湿地的污染物去除效果见表 10-2。

表 10-2　人工湿地污染物去除效果　　　　　（单位：%）

人工湿地类型	BOD$_5$	COD$_{Cr}$	SS	NH$_3$-N	TP
表流人工湿地	40 ~ 70	50 ~ 60	50 ~ 60	20 ~ 50	35 ~ 70
水平流人工湿地	45 ~ 85	55 ~ 75	50 ~ 80	40 ~ 70	70 ~ 80
垂直流人工湿地	50 ~ 90	60 ~ 80	50 ~ 80	50 ~ 75	60 ~ 80

（6）运行管理

1）水位和水流的控制。如果水位突然变化很大，应立即调查，这一变化可能是由于池底漏水、出口堵塞、隔堤溃决、暴雨径流或其他原因引起的。季节性地调节水位可以防止冬天结冰，维持湿地水温。

2）进出口的维护。湿地系统的进口和出口端应定期检查和清理，及时清除可能引起堵塞的垃圾、污泥等。堰或栅格表面的碎片和细菌黏液需要及时清除。浸入式进水管和出水管也要定期冲洗。

3）植物的管理。如果系统在设计参数下运行，就不需要对植物进行日常维护。植物管理的主要目的在于维持湿地需要的植物种群，通过稳定的预处理、偶尔小幅度的水位变化、定时植物收割等可达到这个目的。如果植物覆盖率不足，还需要采取包括水位调节、降低进水负荷、植物杀虫、植物补种等补救措施。

4）臭味的控制。如果湿地设计得当，一般不存在臭味问题。通常可以通过减少进水中有机物和氮的负荷对气味加以控制。

5）蚊虫的控制。高温天气可以在湿地放养一些食蚊鱼和蜻蜓幼虫来控制蚊子，但食蚊鱼对控制蚊子有一定局限性。其他一些控制蚊子的自然方法包括架设鸟类栖息的树枝和搭建鸟窝，燕子是最合适的鸟类。细菌杀虫剂在一些湿地中已经有了成功应用。

6）隔堤和围堤的维护。隔堤和围堤的维护工作主要是割草、侵蚀控制。

10.11 稳 定 塘

（1）适用范围

稳定塘适用于有湖、塘、洼地及闲置水面可供利用的农村地区。选择类型以常规处理塘为宜，如厌氧塘、兼性塘、好氧塘等。曝气塘宜用于土地面积有限的场合。

（2）工艺原理

稳定塘是经过人工修整，设置围堤和防渗层的池塘，主要依靠水生生物自然净化原理降解污水中的有机污染物。稳定塘可充分利用地形，构造简单，无需复杂的机械设备和装置，建设费用低；利用自然充氧，不需要消耗动力，运行费用低廉；产生污泥量少，能承受污水水量大范围的波动；处理出水可直接用于农田、苗圃、绿地灌溉。

（3）主要参数

进水中有机负荷不能过高。有机酸在系统中的浓度应小于3000mg/L；进水硫酸盐浓度不宜大于500mg/L；进水 BOD_5：N：P＝100：2.5：1；C：N 一般为20：1；pH 要介于 6.5～7.5；进水中不得含有有毒物质，重金属和有害物质的浓度也不能过高，应符合《室外排水设计规范》（GB 50014—2006）的规定。

稳定塘水力停留时间为 4～10d；有效水深为 1.5～2.5m。

为改善稳定塘的处理效果，美化环境，应在稳定塘内种植水生植物。同时，可在塘中放养鱼类、田螺等水生生物。

在常规稳定塘的基础上，向塘内投加生物膜填料，或进行鼓风曝气，或设置前置厌氧塘，可以强化稳定塘的处理效率。

（4）造价指标

人工湿地投资成本为 300～500 元/t，运行费用低于 0.1 元/t。

（5）处理效果

稳定塘工艺对污染物的去除效率：COD 50%～65%，SS 50%～65%，BOD_5 55%～75%，TN 40%～50%，NH_3-N 30%～45%，TP 30%～40%。

（6）运行管理

格栅截留物和调节池底泥应定期清理，注意及时打捞成熟、衰败的水生植物，防止二次污染。

第11章 水系连通技术

11.1 活水循环

活水循环技术的关键是"循环",即在于清水的补给和缩短水体水力停留时间,仅仅靠"造流"不能解决问题。依靠"造流",可以提高水的流速,在一定程度上提高复氧能力,但其效果有限。

达到回用水质标准的农村污水厂尾水即"再生水"是城市中水量稳定、水质可控的可持续清水水源,应优先使用。构建以农村污水再生处理和生态利用为核心的新型城市水循环系统,即农村水的"生态循环、梯级利用"系统,是农村水环境污染治理和水生态健康维系的可持续模式,应积极推进实施。

农村水的"生态循环、梯级利用"模式,可以达到"一石四鸟"的效果,即清水补给、生态修复、水质净化、促进循环。

1)农村污水厂的尾水经过进一步的人工强化生态净化(如人工湿地等),达到景观回用水质标准后,排入农村河湖水系,解决了清水补给的问题,有利于水体黑臭治理。

2)再生水补给解决了北方农村水体缺水断流问题,保障了生态用水,有利于水生态系统的恢复/修复。

3)健康的河湖水系具有水质净化功能,可以提高再生水的水质安全性,从而将污水再生处理厂通过工程措施得到的"工程再生水"转变为"生态再生水",从而提高了公众心理接受程度。

4)将受纳再生水的农村河湖水系作为城市第二水源,从中取水,直接或经过适当再处理后用于工业、城市绿化、城市杂用和农业灌溉等,可以促进水的循环利用和高效利用,显著提高农村节水水平。同时,通过再生水的后续梯级利用,可大大缩短再生水在河湖水体中的停留时间,有利于水质保持。

从以上分析可以看出,"生态循环"和"梯级利用"相辅相成、相互嵌套,构成农村可持续水循环系统不可或缺的核心环节。该系统和模式既适用于北方缺水地区,也适用于南方丰水滞水地区。农村水的"生态循环、梯级利用"模式,需要通过污水厂提标改造、农村水系水景观建设等工程措施的实施来实现,需要政府和企业共同投入。

11.2 水系恢复

11.2.1 农村水系恢复的基本原则

1）尊重城乡规划区内，历史河道的原则。
2）符合乡村地形地貌条件的原则。
3）符合区域水资源可供水量的原则。
4）符合城乡总体规划和景观环境的原则。

11.2.2 农村水体修复的基本方法

农村水系在历史的变迁过程中，水系整体性与功能都发生了很大的变化。在整治水系过程中，要结合实际现状，实施水体动态联系网络建设，从功能修复上入手，恢复水系原生态，打造新型亲水宜居美丽乡村。

1）疏浚河道，新建人工坑塘。实现农村水体修复与保护的主要途径是要疏浚、沟通现有河道，恢复被侵占和填埋的沟渠，新建或扩建坑塘。

2）发展生态农业，改变污水排放形式。大力发展生态农业，实现农业生产废弃物循环利用，减少污染物入河污染负荷。对河道沿岸进行定期检查，对排污口进行定期监测，监督乡镇企业污水处理设施运行情况，加大监管力度，确保达标排放，实现水体不黑不臭，恢复水生态服务功能。

3）恢复水道原生态，实现人水和谐，重构良性水生态系统。通过河道的连通，水体交换频次和强度增加，交换时间缩短，自净能力增强，从而使水质状况在一定程度上得到改善。在滩岸治理时，多采用鱼巢型、木桩型等生态护岸的方法，使水与河岸以及河底土壤充分接触，为水生动植物提供了栖息繁衍的原生态场所，实现水系统的健康稳定，促进人水和谐发展。

11.3 引流补水

随着社会经济持续发展，人类活动对水环境的影响急剧增强，我国水环境污染日益严重，水质问题尤为突出，农村水体黑臭现象普遍存在。引水冲污可以有效改善城市内河水质，通过生态补水，可增强水体水动力，提高水体流动性，增加水体环境容量，提升其景观功能。

（1）确定补水水源

常用的河道生态补水水源有雨水径流、水库蓄水、区域调水、再生水等。南方雨水充沛地区，距离湖泊水库较近的农村区域，可以依靠上游来水和湖泊水库蓄水对河道进行生态补水。北方干旱少雨地区，农村黑臭水体上游缺少稳定、足量的径流，没有湖泊水库，因此无法依靠上游来水和水库蓄水对河道进行生态补水。雨水径流补水仅在汛期有可行性，实现长期稳定补水不现实。污水处理设施再生水水量、水质稳定可靠，将之作为河道生态补水的水源、实现水资源循环利用是目前我国广大地区的普遍做法。

（2）确定补水规模

目前，计算河道内生态需水量的方法众多，由于不同河道所处区域、自身特点千差万别，还未形成相应的规范或标准。国内外河道内生态需水量计算主要包括水文学法、水力学法、水文–生物分析法、生境模拟法、环境功能设定法等方法。其中，水力学法应用较为广泛。水力学方法是根据河道水力参数确定河流所需流量，所需水力参数（河宽、水深、流速和湿周等）可以采用曼宁公式计算获得，代表方法有湿周法、R2-Cross法等方法。该方法无需历史流量及生物种群资料，较适合农村黑臭水体推算生态需水量。此外，农村黑臭水体受人类活动影响较大，受到污染威胁较多，需要综合考虑水质保护与水量维持之间的关系，可以借助数学模型对水动力、水质进行分析综合研究。

（3）生态补水注意事项

实施农村黑臭水体生态补水，应注意以下几点：一是补水方案应满足农村防洪及流域规划相关内容，并与县域总体规划相协调。二是应根据实际情况，将河道生态补水实施方案与河道污染源治理以及水利工程相结合。应在截污控源工程已经完成基础上，根据实际情况，考虑补水方案。切勿调水冲污，掩盖污染源治理问题。

第 12 章 农村黑臭水体治理技术筛选及实例分析

12.1 农村黑臭水体治理原则

农村黑臭水体治理应遵循以下原则。

（1）突出重点，示范带动

以房前屋后河塘沟渠和群众反映强烈的农村黑臭水体为重点，狠抓污水垃圾、畜禽粪污、农业面源和内源污染治理。选择通过典型区域开展试点示范，深入实践，总结凝练，形成模式，以点带面推进农村黑臭水体治理。

（2）因地制宜，分类指导

充分结合农村类型、自然环境及经济发展水平、水体汇水情况等因素，综合分析农村黑臭水体的特征与成因，区域统筹、因河（塘、沟、渠）施策，分区分类开展治理。

（3）标本兼治，重在治本

坚持治标和治本相结合，既按规定时间节点实现农村黑臭水体消除目标，又从根本上解决导致水体黑臭的相关环境问题，建立长效机制，让农村黑臭水体长"制"久清。

（4）经济实用，维护简便

综合考虑当地经济发展水平、污水规模和农民需求等，合理选择技术成熟可靠、投资小、见效快、管理方便、操作简单、运行稳定、易于推广的农村黑臭水体治理技术和设施设备。

（5）村民主体，群众满意

强化农村基层党组织战斗堡垒作用，引导农村党员发挥先锋模范作用，带领村民参与黑臭水体治理，保障村民参与权、监督权，提升村民参与的自觉性、积极性、主动性。尊重村民意愿，确保黑臭水体治理效果与群众的切身感受相吻合。

12.2 农村黑臭水体治理思路

12.2.1 系统治理思路

坚持系统治理，实施连片综合整治，统筹推进农村黑臭水体各类污染源治理工作，充分衔接农村黑臭水体整治范围内农业农村污染防治攻坚战、水系治理、美丽乡村建设、畜禽养殖污染防治、农业面源污染治理等各项涉农工作，做到同部署、同推进、同落实，统筹考虑整治范围整合、目标任务结合。结合区域规划布局，科学制订农村黑臭水体治理目标，在黑臭水体汇水区范围内，统筹推进农村黑臭水体治理、农村环境综合整治、农村改厕和污水治理，坚持一体设计、一并推进，同步完成农村生活污水、垃圾和畜禽粪污等的整治任务。

12.2.2 分类治理路径

按照农村黑臭水体功能分类，基于每个水体的位置、面积、水质特征、污染程度、周边污染源汇入情况等，结合区域特点，科学采取分类治理路径。

（1）景观功能水体

该类黑臭水体距离村庄较近，有景观提升需求，具有一定水域规模、水体生态系统破坏、自净能力较弱等。

治理目标：在实施控源截污基础上，提升水体自净能力。通过治理工程实施后消除水体黑臭，改善水体水质。工程选择以自然修复为主，人工修复为辅，发挥生态系统的自我修复能力。同时，通过合理配置观赏性水生植物、坡岸生态绿化，形成良好的生态景观效果，改善周边人居环境，建设人与自然和谐共生的生态系统。

治理思路：与乡村振兴、农村环境综合整治、农村生活垃圾治理以及农村污水治理工程相结合。完善农村环保基础设施建设，改善农村环境质量，从源头上根治。治理技术选择上结合农村人口密度小，污水量少等特点，充分考虑后期运营维护简单，费用支出少的措施，避免重建设轻运营，造成治理工程后期"晒太阳"。

治理措施：控源截污、内源治理、生态修复。

（2）防洪排涝水体

此类水体主要是发挥防洪排涝、蓄水等功能。

治理目标：通过治理工程实施后水质达到不黑不臭标准。

治理思路：实施岸上污染源的治理，加强对无序养殖的管理，减少散养畜禽养殖污染的排入、清除淤积污染底泥，对坡岸生态绿化，种植水生植物对水质进行净化。

治理措施：控源截污、内源治理、生态修复。

（3）农业灌溉水体

水体主要功能为灌溉，此类水体多为岸边硬化的沟渠，黑臭主要污染来源多为岸上直排的农村生活污水等。

治理目标：通过治理工程实施后水质消除黑臭，满足农业灌溉标准。

治理思路：依据水体黑臭污染来源和成因，采取相应的措施进行治理。

治理措施：控源截污、内源治理。

（4）一般水体

不满足景观、防洪排涝、蓄水、灌溉功能的其他水体。

治理目标：治理后达到水体不黑不臭，坡岸环境整洁。

治理思路：依据水体黑臭污染来源和成因，采取综合措施，实施源头治理为主。

治理措施：控源截污、内源治理、生态修复。

12.3 农村黑臭水体治理技术推荐清单

结合文献资料中的农村黑臭水体治理技术及现场调研结果，总结控源截污、清淤疏浚、生态修复、水系连通等治理技术，农村黑臭水体治理技术推荐清单，以期为农村黑臭水体治理工作提供技术支撑。表 12-1 为农村黑臭水体治理技术推荐清单。

12.4 农村黑臭水体治理实例分析

12.4.1 海口市梁陈村沿村排水沟

梁陈村沿村排水沟黑臭水体位于海口市龙华区新坡镇民丰村委会梁陈村，黑臭面积为 2000 m^2，主要受梁陈村生活污水直排、畜禽散养、垃圾等影响，天气热时散发异味。

表 12-1 农村黑臭水体治理技术推荐清单

技术类型	污染源类型	技术工艺	适用范围			处理去向
			聚集程度	气候地形	其他	
控源截污	农村生活污水	纳管接入已有污水厂	集中	适用于各种地形	已有污水处理设施5km范围内的集中居住区	进入污水厂
		化粪池（包括三格式、双瓮式）	单户	适用于各种地形	普遍适用	吸粪车集中收集运往污水处理厂
		化粪池+稳定塘+土壤人工湿地	人数较少的聚集区	适用于各种地形	普遍适用，寒冷地区需考虑冬储系统	农灌或排入沟渠
		化粪池+土壤渗滤	人数较少的聚集区	适用于各种地形	普遍适用，寒冷地区需考虑冬储系统	
		预处理+SBR	集中	适用于多种地形条件，占地较小	一级 A 水质要求	回用或排入地表水体
		预处理 CASS	集中		一级 A 水质要求	
		预处理+A²O	集中		一级 A 水质要求	
		预处理+MBR 组合工艺	集中	适用于有较大面积闲置土地的地区，冬季气温较低时要注意处理设施的保温	准 IV 类要求	
		预处理+A²O+人工湿地	集中		准 IV 类要求	
		预处理+SBR+人工湿地	集中		准 IV 类要求	
		预处理+CASS+人工湿地	集中		准 IV 类要求	
	畜禽粪污	饲料化利用技术	在鸡粪中应用较多，必须通过无害化处理才能成为畜禽饲料			饲料
		堆肥技术	堆肥过程可以分为厌氧堆肥和好氧堆肥，普遍适用于畜禽粪便处理			农田
		厌氧发酵技术	能耗低，产生沼气可作燃料，实现无害化，沼液沼渣可作肥料还田。用于工厂化大规模生产的畜禽，也适用于小规模的家庭养殖			沼气池
	生活垃圾	垃圾焚烧	焚烧技术可以最大程度地减少填埋量，减少生活垃圾填埋占用的土地容积；同时还可以在焚烧过程中彻底分解各种有机物，特别是有害物，在焚烧过程中回收一部分热能，如余热发电。适用于人口集中，土地紧张的地区			垃圾焚烧厂

续表

技术类型	污染源类型	技术工艺	适用范围 聚集程度	气候地形	其他	处理去向
控源截污	生活垃圾	垃圾堆肥			适用于生活垃圾中厨余垃圾或可降解有机物比例高的区域	农田
		垃圾填埋			适合处理居民生活垃圾、园林绿化废物、商业网点垃圾、交通物流站垃圾、企事业单位的生活垃圾及其他生活属性的一般固体废物	垃圾填埋场
清淤疏浚	内源污染	原位清淤			包括物理修复、化学修复、生物修复三类技术。所需经费较少，具有一定的处理效果，但不能快速、一次性解决问题。目前应用相对较少	河道内
		异位清淤			常用的河湖清淤技术主要有三种：干式清淤、半干式清淤和湿式清淤。普遍适用于清淤疏浚后	转至淤泥堆场，或开展至园林绿地、建材等资源利用处置
生态修复		人工湿地			可广泛应用于水体水质的长效保持，通过生态系统的恢复与系统构建，持续去除水体污染物，改善生态环境和景观。常与生化污水处理设施联用	回用或排入地表水体
		河岸缓冲带修复	适用于面源阻控和河流生态系统修复			回用或排入地表水体
	兼顾点源和面源污染	人工曝气	适用于溶解氧较低的各类水体			排入地表水体
		氧化塘			适用于经济欠发达、有废弃低洼地或池塘的村庄污水处理。场址应尽量远离居民点，而且应位于居民点长年风向的下风向，防止水体散发臭气和滋生蚊虫的侵扰	河道内
		生态浮岛			具备良好的景观作用，水质净化效果较差。经常使用的浮床植物有芦苇、美人蕉、芦竹、水浮莲等。适用于水体流较缓的水体	回用或排入地表水体
		植草沟	适用于面源阻控			河道内
水系连通	一	活水循环			适用于缺水水体的水量补充，或滞流、缓流、污水处理设施达标排出水等作为水体的补充水源，增加水体流动性和环境容量	河道内
		水系恢复			因地制宜实施必要的水体水系连通，打通断头河，拆除不必要的拦河坝，增强渠道、河道、池塘等水体流动性及自净能力	河道内
		引流补水			通过水系工程优化补河道水动力条件，可改善区域水环境现状，适用于水系较发达地区	河道内

2020 年，海口市采取"控源截污+清退畜禽散养"等措施，建设两座规模总规模为 60m³/d 污水处理设施，收集处理梁陈村生活污水。设施采用"A²O-沉淀"工艺，尾水执行海南《农村生活污水处理设施水污染物排放标准》（DB 46/483—2019）一级标准后排入农灌沟渠。同时，劝退畜禽散养，对水体垃圾和农业废弃物清理等。经过治理，水体黑臭现象已消除。

2021 年 11 月，海口市龙华区生态环境局按照生态环境部《农村黑臭水体治理工作指南（试行）》和《海南省农村黑臭水体治理验收要求（试行）》要求，委托第三方对水体氨氮、溶解氧、透明度指标检测。根据监测结果，水体氨氮、溶解氧、透明度指标等指标均优于黑臭水体阈值。

12.4.2 海口市定文村水塘

定文村水塘黑臭水体位于海口市龙华区龙泉镇美仁坡村委会定文村，黑臭面积为 2700m² 主要受定文村生活污水直排、农业面源等影响，水葫芦疯长，天气热时散发异味。

2020 年，海口市采取控源截污+清退水葫芦等措施，建设 12 座规模总规模为 97m³/d 污水处理设施，收集处理定文村生活污水。集中设施采用"A²O-沉淀"工艺，分散设施采用"A/O 生物接触氧化"工艺，尾水执行海南《农村生活污水治理设施水污染物排放标准》（DB 46/483—2019）二级标准后排入农灌沟渠。同时，开展水上垃圾、水葫芦清理等。经过治理，水体黑臭现象基本消除。

2021 年 11 月，海口市龙华区生态环境按照生态环境部《农村黑臭水体治理工作指南（试行）》和《海南省农村黑臭水体治理验收要求（试行）》要求，委托第三方对水体氨氮、溶解氧、透明度指标检测。根据监测结果，水体氨氮、溶解氧、透明度指标等指标均优于黑臭水体阈值。

参 考 文 献

范维.2018. 转录组学分析铁氧化嗜酸硫杆菌 Acidithiobacillus ferriphilus 硫氧化机制.广州：华南理工大学硕士学位论文.

季家举.2012. 嗜酸氧化亚铁硫杆菌异二硫化物还原酶 HdrC 亚基的表达纯化及定点突变.湖南：中南大学生物工程系硕士学位论文.

刘阳，姜丽晶，邵宗泽.2018. 硫氧化细菌的种类及硫氧化途径的研究进展.微生物学报，58 （2）：191-201.

莫艳华，汤佳，张仁铎，等.2012. 外加营养源作用下微生物黏结剂对土壤团聚体的影响.环境科学，33（3）：952-957.

彭加平，韦平和，周锡樑.2011. 半胱氨酸脱硫酶的生化特性及其脱硫作用机制.药物生物技术，（6）：548-552.

庞博文.2017. 用于黑臭水体修复的硫氧化菌筛选与特性研究.北京：清华大学硕士学位论文.

曲萌.2019. 黑臭水体净化菌剂的构建及其生物强化效能.沈阳：辽宁大学硕士学位论文.

王国芳.2015. 高密度蓝藻消亡对富营养化湖泊黑臭水体形成的作用及机理.南京：东南大学博士学位论文.

王世梅.2007. 耐酸性酵母菌 R30 加速污泥生物沥浸进程机理研究.南京：南京农业大学博士学位论文.

王玉琳，汪靓，华祖林.2018. 黑臭水体中不同浓度 Fe^{2+}、S^{2-} 与 DO 和水动力关系.中国环境科学，38（2）：627-633.

温灼如，张瑛玉，洪陵成，等.1987. 苏州水网黑臭警报方案的研究.环境科学，8（4）：1-7.

辛玉峰.2016. 异养细菌硫化物氧化途径及产物分析.济南：山东大学博士学位论文.

徐瑶瑶，宋晨，宋楠楠，等.2019. 复合菌对黑臭水体中 S^{2-} 的氧化条件优化及动力学特性.环境工程学报，13（3）：530-540.

张宪.2014. 嗜酸氧化硫硫杆菌的全基因组测序及硫氧化途径研究.长沙：中南大学生物硕士学位论文.

赵丽娜.2013. Fisher 判别法的研究及应用.哈尔滨：东北林业大学硕士学位论文.

朱薇.2012. 嗜热古菌浸出黄铜矿的硫氧化活性与群落结构及硫形态关联性研究.长沙：中南大学博士学位论文.

Arikado E, Ishihara H, Ehara T, et al. 1999. Enzyme level of enterococcal F1Fo-ATPase is regulated by pH at the step of assembly. European Journal of Biochemistry, 259 (1-2): 262-268.

Ashburner M, Ball C A, Blake J A, et al. 2000. Gene ontology: Tool for the unification of biology.

The Gene Ontology Consortium, Nature Genetics, 25 (1): 25-29.

Belda E, van Heck R G A, Lopez-Sanchez M J, et al. 2016. The revisited genome of Pseudomonas putida KT2440 enlightens its value as a robust metabolic chassis. Environmental Microbiology, 18 (10): 3403-3424.

Bruser T, Selmer T, Dahl C. 2000. "ADP sulfurylase" from thiobacillus denitrificans is an adenylylsulfate: Phosphate adenylyltransferase and belongs to a new family of nucleotidyltransferases. The Journal of Biological Chemistry, 275 (3): 1691-1698.

Bhattacharya S, Das A, Srividya S, et al. 2020. Prospects of Stenotrophomonas pavanii DB1 in diesel utilization and reduction of its phytotoxicity on Vigna radiate. International Journal of Environmental Science and Technology, 17: 445-454.

Carkaci D, Dargis R, Nielsen X C, et al. 2016. Complete Genome Sequences of Aerococcus christensenii CCUG 28831T, Aerococcus sanguinicola CCUG 43001T, Aerococcus urinae CCUG 36881T, Aerococcus urinaeequi CCUG 28094T, Aerococcus urinaehominis CCUG 42038BT, and Aerococcus viridans CCUG 4311T. Genome Announcements, 4 (2): e00302-16.

Casadio A, Maglionico M, Bolognesi A, et al. 2010. Toxicity and pollutant impact analysis in an urban river due to combined sewer overflows loads. Water Science and Technology, 61 (1): 207-215.

Chan L K, Morgankiss R M, Hanson T E. 2009. Functional analysis of three sulfide: Quinone oxidoreductase homologs in Chlorobaculum tepidum. Journal of Bacteriology, 191 (3): 1026-1034.

Chen J, Xie P, Ma Z, et al. 2010. A systematic study on spatial and seasonal patterns of eight taste and odor compounds with relation to various biotic and abiotic parameters in Gonghu Bay of Lake Taihu, China. Science of the Total Environment, 409 (2): 314-325.

Deckert G, Warren P V, Gaasterland T, et al. 1998. The complete genome of the hyperthermophilic bacterium Aquifex aeolicus. Nature, 392 (6674): 353-358.

Dewey C N, Bo L. 2011. RSEM: Accurate transcript quantification from RNA-Seq data with or without a reference genome. BMC Bioinformatics, 12 (1): 323.

Fan K Q, Jia J, Sun P L, et al. 2017. Pollution control of urban black-odor water bodies. Ecological Economy, 13 (4): 344-350.

Foloppe N, Nilsson L. 2004. The glutaredoxin-C-P-Y-C-motif: Influence of peripheral residues. Structure, 12 (2): 289-300.

Gao J H, Jia J J, Albert J K, et al. 2014. Changes in water and sediment exchange between the Changjiang River and Poyang Lake under natural and anthropogenic conditions, China. Science of the Total Environment, 481 (1): 542-553.

Ghosh W, Dam B. 2009. Biochemistry and molecular biology of lithotrophic sulfur oxidation by taxonomically and ecologically diverse bacteria and archaea. FEMS Microbiology Reviews, 33 (6): 999-1043.

Grimm F, Franz B, Dahl C. 2011. Regulation of dissimilary sulfur oxidation in the purple sulfur bacterium allochromatium vinosum. Frontiers in Microbiology, 2 (51): 1-11.

Gunasundari D, Muthukumar K. 2013. Simultaneous Cr (VI) reduction and phenol degradation using

Stenotrophomonas sp. isolated from tannery effluent contaminated soil. Environmental Science and Pollution Research, 20: 6563-6573.

Guo H, Chen C, Lee D J, et al. 2014. Proteomic analysis of sulfur-nitrogen-carbon removal by *Pseudomonas* sp. C27 under micro-aeration condition. Enzyme and Microbial Technology, 56: 20-27.

Harada J, Mizoguchi T, Kinoshita Y, et al. 2021. Over-expression of the C8 (2) -methyltransferase BchQ in mutant strains of the green sulfur bacterium Chlorobaculum limnaeum for synthesis of C8-hyper-alkylated chlorosomal pigments. Journal of Photochemistry and Photobiology A-chemoistry, 404: 112882.

Hausmann B, Pelikan C, Herbold C W, et al. 2018. Peatland Acidobacteria with a dissimilatory sulfur metabolism. The ISME Journal, 12: 1729-1742.

Hedderich R, Koch J, Linder D, et al. 2010. The heterodisulfide reductase from Methanobacterium thermoautotrophicum contains sequence motifs characteristic of pyridine-nucleotide-dependent thioredoxin reductases. FEBS Journal, 225 (1): 253-261.

Holden M T G, Titball R W, Peacock S J, et al. 2004. Genornic plasticity of the causative agent of melioidosis, burkholderia pseudomallei. Proceedings of the National Academy of Sciences of the United States of America, 101 (39): 14240-14245.

Hou N K, Xia Y Z, Wang X, et al. 2018. H_2 S biotreatment with sulfide-oxidizing heterotrophic bacteria. Biodegradation, 29 (6): 511-524.

Hu L M, Wang J, Baggerly K, et al. 2002. Obtaining reliable information from minute amounts of RNA using cDNA microarrays. BMC Genomics, 3 (16): 1-8.

Hur J, Cho J. 2012. Prediction of BOD, COD, and total nitrogen concentrations in a typical urban river using a fluorescence excitation-emission matrix with PARAFAC and UV absorption indices. Sensors, 12 (12): 972-986.

Imhoff J F, Thiel V. 2010. Phylogeny and taxonomy of chlorobiaceae. Photosynthesis Research, 104 (2-3): 123-136.

Kelly D P, Shergill J K, Lu W P, et al. 1997. Oxidative metabolism of inorganic sulfur compounds by bacteria. Antonie van Leeuwenhoek, 71 (1-2): 95-107.

Laufer K, Niemeyer A, Nikeleit V, et al. 2017. Physiological characterization of a halotolerant anoxygenic phototrophic Fe (Ⅱ) -oxidizing green-sulfur bacterium isolated from a marine sediment. FEMS Microbiology Ecology, 93 (5), doi: 10. 10. 3/fensec/fix054.

Langmead B, Trapnell C, Pop M, et al. 2009. Ultrafast and memory-efficient alignment of short DNA sequences to the human genome. Genome Biol, 10: R25, doi: 10. 1186/gb-2009-10-3-r25.

Law C W, Alhamdoosh M, Su S, et al. 2016. RNA-seq analysis is easy as 1-2-3 with limma, Glimma and edgeR. F1000 Research, 5: 1408.

Li Y J, Fu Y R, Huang J G, et al. 2011. Transcript profiling during the early development of the maize brace root via Solexa sequencing. FEBS Journal, 278 (1): 156-166.

Liu C, Huang X, Wang H. 2008. Start-up of a membrane bioreactor bioaugmented with genetically engineered microorganism for enhanced treatment of atrazine containing wastewater. Desalination, 231

（1-3）：12-19.

Liu C, Shen Q, Zhou Q, et al. 2015. Precontrol of algae- induced black blooms through sediment dredging at appropriate depth in a typical eutrophic shallow lake. Ecological Engineering, 77：139-145.

Liu J, Jiang T, Huang R, et al. 2017. A simulation study of inorganic sulfur cycling in the water level fluctuation zone of the Three Gorges Reservoir, China and the implications for mercury methylation. Chemosphere, 166：31-40.

Mittal S K, Goel S. 2010. BOD exertion and OD (600) measurements in presence of heavy metal ions using microbes from dairy wastewater as a seed. Journal of Water Resource and Protection, 2 (5)：478-488.

Moller M C, Hederstedt L. 2008. Extracytoplasmic processes impaired by inactivation of *trxA* (thioredoxin gene) in Bacillus subtilis. Journal of Bacteriology, 190 (13)：4660-4665.

Pradhan S, Rai L C. 2000. Optimization of flow rate, initial metal ion concentration and biomass density for maximum removal of Cu^{2+} by immobilized microcystis. World Journal of Microbiology and Biotechnology, 16 (6)：579-584.

Postnikova O A, Shao J, Nemchinov L G. 2013. Analysis of the alfalfa root transcriptome in response to salinity stress. Plant and Cell Physiology, 54 (7)：1041-1055.

Quatrini R, Appia- Ayme C, Denis Y, et al. 2009. Extending the models for iron and sulfur oxidation in the extreme Acidophile Acidithiobacillus ferrooxidans. BMC Genomics, 10 (1)：394-412.

Robinson M D, McCarthy D J, Smyth G K. 2010. EdgeR: A Bioconductor package for differential expression analysis of digital gene expression data. Bioinformatics, 26：129-140.

Rohwerder T, Sand W. 2007. Oxidation of inorganic sulfur compounds in acidophilic prokaryotes. Engineering in Life Sciences, 7 (4)：301-309.

Rohwerder T, Sand W. 2003. The sulfane sulfur of persulfide is the actual substrate of the sulfur-oxidizing enzymes from Acidithiobacillus and *Acidiphilium* spp. Microbiology, 149 (7)：1699-1710.

Rother D, Henrich H J, Quentmeier A, et al. 2001. Novel genes of the sox gene cluster, mutagenesis of the flavoprotein *soxF*, and evidence for a general sulfur-oxidizing system in Paracoccus pantotrophus GB17. Journal of Bacteriology, 183 (15)：4499-4508.

Sakurai H, Ogawa T, Shiga M, et al. 2010. Inorganic sulfur oxidizing system in green sulfur bacteria. Photosynthesis Research, 104 (2-3)：163-176.

Sokolova I M, Portner H O. 2001. Temperature effects on key metabolic enzymes in Littorina saxatilis and L. obtusata from different latitudes and shore levels. Marine Biology, 139 (1)：113-126.

Shahryari Z, Gheisari K, Motamedi H. 2019. Effect of sulfate reducing *Citrobacter* sp. strain on the corrosion behavior of api X70 microalloyed pipeline steel. Materials Chemistry and Physics, 236：121799.

Shan S P, Guo Z H, Lei P. 2020. Increased biomass and reduced tissue cadmium accumulation in rice via *indigenous citrobacter* sp. XT1- 2- 2 and its mechanisms. Science of The Total Environment,

708: 135224.

Sheng Y Q, Qu Y X, Ding C F, et al. 2013. A combined application of different engineering and biological techniques to remediate a heavily polluted river. Ecological Engineering, 57: 1-7.

Song C, Liu X L, Song Y H, et al. 2017. Key blackening and stinking pollutants in Dongsha River of Beijing: Spatial distribution and source identification. Journal of Environmental Management, 200: 335-346.

Sorokin D Y, Banciu H, van Loosdrecht M, et al. 2003. Growth physiology and competitive interaction of obligately chemolithoautotrophic, haloalkaliphilic, sulfur-oxidizing bacteria from soda lakes. Extremophiles, 7 (3): 195-203.

Tan T, Liu C, Liu L, et al. 2013. Hydrogen sulfide formation as well as ethanol production in different media by *cys*ND- and/or *cys*IJ- inactivated mutant strains of Zymomonas mobilis, ZM4. Bioprocess Biosystems Engineering, 36 (10): 1363-1373.

Tang W Z, Shan B Q, Zhang H, et al. 2014. Heavy metal contamination in the surface sediments of representative limnetic ecosystems in eastern China. Scientific Reports, 4: 7152-7158.

Tobias K, Christiane D. 2018. A novel bacterial sulfur oxidation pathway provides a new link between the cycles of organic and inorganic sulfur compounds. The ISME Journal, 12: 2479.

Toghrol F, Southerland W M. 1983. Purification of thiobacillus novellus sulfite oxidase. evidence for the presence of heme and molybdenum. The Journal of biological chemistry, 258 (11): 6762-6766.

Venkidusamy K, Hari A R, Megharaj M P. 2018. Fe (III) reducing exoelectrogen *citrobacter* sp. KVM11, isolated from hydrocarbon fed microbial electrochemical remediation systems. Frontiers in Microbiology, 9: 349.

Wang G F, Li X N, Fang Y, et al. 2014. Analysis on the formation condition of the algae- induced odorous black water agglomerate. Saudi Journal of Biological Sciences, 21 (6): 597-604.

Wang H L, Zhao X K, Lin M L, et al. 2013. Proteomic analysis and qRT- PCR verification of temperature response to Arthrospira (Spirulina) platensis. PLOS ONE, 8 (12): 1-23.

Wang M P, Yun L J, Xu Z W, et al. 2016. Impairment of sulfite reductase decreases oxidative stress tolerance in Arabidopsis thaliana. Frontiers in Plant Science, 7: 1843-1852.

Young M D, Wakefield M J, Smyth G K, et al. 2010. Gene ontology analysis for RNA-seq: Accounting for selection bias. Genome Biology, 11: R14.

Yoshimoto A, Sato R. 1968. Studies on yeast sulfite reductase I. Purification and characterization. Biochimica Biophysica Acta, 153 (3): 555-575.

Zhang X G, Gu S G, Lu Z W, et al. 2015. Degradation of trichloroethylene in aqueous solut: ion by calcium peroxide activated with ferrous ion. Journals of Hazardous Materials, 284: 253-260.

Zhuang R Y, Lou Y J, Qiu X T, et al. 2017. Identification of a yeast strain able to oxidize and remove sulfide high efficiently. Applied Microbiology & Biotechnology, 101 (1): 391-400.

附　　录

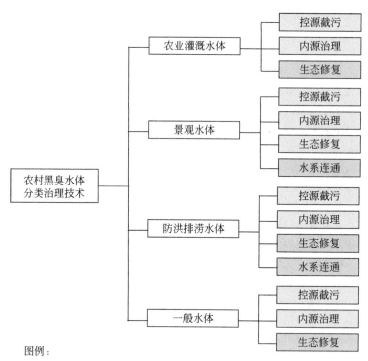

图例：

　　黄色填充为水体必须开展的治理工作，具体技术根据实际情况选取

　　蓝色填充为根据水体情况，选择性开展的治理工作

具体内容请扫二维码